# 「無印のカレー」は

# なぜ売れたのか？

# 食品ビジネスで成功する

# 思考《フィロソフィー》と仕組み

キッチンエヌ代表
高知工科大学客員教授
中村 新

# はじめに

## 成功の土台にはフィロソフィーがある

食の世界に身を置き、はや40年以上になる。料理人を目指して渡欧ののち、フレンチのシェフとなった私は、数奇な縁や運命の流れに導かれ、いつしかコンサルタント的な業務におもしろさを見出すようになった。

大手の食品会社や小売、外食産業などの商品開発から、県庁のマーケティング支援まで、これまでに関わった仕事は多岐にわたる。つきあいが10年超となった会社も少なくない。

なかでも深く関わらせてもらったのが、良品計画の仕事である。

カフェのメニュー開発にはじまり、レトルトカレーの味づくりや料理教室、諸国良品など、まだ今ほど無印の「食」のイメージが大きくないころから複数の事業に携わった。

このグローバル企業をひとことで言い表すことは憚《はばか》られるが、あえて言うなら、良品計画はフィロソフィーの会社だ。そこが特長であり、わかりづらいところでもある。

ビジネスでは一般的に、理解に時間がかかりそうな思考やコンセプトよりも、すぐに踏襲できそうなテクニックが求められがちだ。食の分野においても、小手先のわかりやすいテクニックを連ねようとすれば枚挙にいとまがない。

もちろん、それも必要ではあるが、常に厳しい競争のなかにあるのがこの世界だ。テクニックばかりでは長期的な成功は望めない。ロングセラーとなるものには、必ずといっていいほど独創性がある。そして、それを支える重要な土台がフィロソフィーなのである。

＊＊＊

もうひとつ大切なことは、(食以外の業界でもそうだと思うが)いわゆるモノづくりは決してひとりではできないということだ。食ビジネスの工程は、大まかに次ページのように示される。そこに加えて、デザイナーや経営サイドに至るまで様々な人が関わり、協力しながら、商品が完成へと導かれる。

私はというと、単に味の部分を担当する場合もあれば、ほぼすべてに関与する場合もある。いずれの場合もプロジェクトの成功に向けて、開発チームであれ顧問先企業の経営者であれ、意見を忌憚《きたん》なく伝えるのがモットーだ。

一方で、「最も評価を受けるべきは依頼主」という信念が前提としてある(その意味では

## 小売商品の場合

| | |
|---|---|
| **企画立案** | コンセプト作成 |
| **スケジューラー** | 計画を立てて管理 |
| **営業計画** | 販売時期検討 |
| **商品開発** | 商品の具体化、原価計算 |
| **品質管理** | 賞味期限、品質保証 |
| **包材デザイン** | 意匠、包材質 |
| **製造** | 加工工場 |
| **物流** | 配送、在庫倉庫 |
| **販売（陳列）** | 店舗陳列、販売 |
| **販売促進** | 広告宣伝 |

## 外食メニューの場合

| | |
|---|---|
| **商品立案** | 料理コンセプト作成 |
| **スケジューラー** | 計画を立てて管理 |
| **メニュー開発** | メニューの具体化、原価計算 |
| **オペレーター** | 接客、厨房スタッフへの落とし込み、アレルギー点検 |
| **スーパーバイザー** | 店舗完成度の点検、指導 |
| **販売促進** | メニュー作成、販促ツール作成 |

黒子のような存在であり、普段あまり表に出てこないので、私の実績については7ページを参考にされたい)。

良い商品づくりに向けて、ロマンや希望を胸に抱かない関係者がいれば士気が下がってしまう。そのため、なるべく楽しく夢が抱けるような空気をつくることを心がけている。

そうすることで、キラリとしたヒントを見つけることもできるというものだ。

そのような信条のもと仕事を続けるなか、関係者から様々な異名をもらった。「噺家《はなしか》料理人」「エシカル食の妖怪」「地域おこしのテロリスト」など。ありがたいことに、「日本一価値あって安いコンサル」とか、「モノづくりの天才」と評していただいたこともある。


これで、少しは本書に興味を持っていただく前振りができただろうか。

外部の支援者として食品ビジネスに関わる人は少なくないが、味づくりから値づけまで幅広く語れるのは、珍しい存在かもしれない。私の知見を有意義に活用いただくことで、商品開発や外食産業に携わる方々が華々しい売上を獲得するに至ったり、食のコンテストで大賞を取られたり、大繁盛のお店ができたりしたことは、望外の悦びであった。

そうした数々の取り組みから得てきた知財を「ノウハウの栄養」として、もっと多くの

## 主な実績／取引先

**株式会社良品計画**
商品開発支援（レトルト全般、FD 商品全般、その他）／カフェミール事業部運営支援（コンセプト指導、商品開発）

**ジェイアール東海フードサービス株式会社**
ラーメン事業プロデュース（名古屋驛麺通り等）
顧問業務

**株式会社松前屋**
昆布関連商品開発指導

**株式会社サンパーク**
直営店舗（海外含む）の商品、メニュー開発

**ユーシーシーフードサービスシステムズ株式会社**
上島珈琲店開業商品開発／直営カフェメニュー開発

**ユーシーシーフーヅ株式会社（現・UCCコーヒープロフェッショナル株式会社）**
取扱商品拡販用アプリケーション支援

**岡山フードサービス株式会社**
業務ブレーン／直営店舗運営支援

**株式会社名鉄レストラン（現・株式会社名鉄ミライート）**
直営店舗のメニュー開発、店舗開発支援

**株式会社力の源ホールディングス**
一風堂事業支援／社外取締役（上場時）

**不二製油株式会社**
大豆たんぱく事業部のアプリケーション開発支援

**日本ケロッグ合同会社**
グラノラ等商品開発支援

**高知県庁農産物マーケティング戦略課**
6 次産業化セミナー専任講師

**黒潮町（黒潮町缶詰製作所）**
7大アレルゲンオフ缶詰プロデュース、同商品開発

方に役立てていただけるのではないか。そう思ってまとめたのが本書である。

食の仕事に身を置くことになった経緯や窮地に陥ったときの体験に、商品開発のエッセンスが潜んでいることを、私自身が執筆を通して気づかされた面もある。

よく、点が繋がって線になるといわれるが、その「点」をどこに見出すかは人それぞれであり、それによってオリジナリティが生まれるのではないかと思う。

売れるモノづくりは、優秀な担当スタッフの方々の実力の賜物である。私の役目は、素材とそれに関わる人たちにある隠れた能力を見つけて、編集していく作業でしかないが、本書を通して何かを見つけていただければ、これほどうれしいことはない。

中村 新

目次



## 1章

## 噺家志望だった少年が、食の世界にとりつかれた

## 2章

# 無印のカレー開発秘話──おいしいだけでは売れない

## 3章

# バターチキン快進撃の根底にあったもの

4章

# 神田カレーグランプリの勝利



5章

# 「地方」「土着」にひそむ、食ビジネスのチャンス

## 6章 いちばん難しい「値づけ」の極意

付録

## 中村新オリジナル　簡単ごちそうレシピ

# 1章

## 噺家志望だった少年が、食の世界にとりつかれた

## 客商売でいちばん大切なこと

「新ちゃん、座りよし！（座りなさい）」

祖母からこのひとことが出ると、すぐに座布団に正座し、強い口調で語る教えを聞かねばならなかった。つらくて仕方ない。私がまだ子どものころの話だ。

事あるごとに親戚が多く集うなか、誰よりもひときわ偉大な存在が祖母だった。孫たちから〝ゴッドマザー〟と呼ばれていたほどだ。何が偉大だったかというと、商売に対する気合いと根性である。造園・植木販売を行っていた夫（私の祖父）は早くに亡くなり、その本業は息子に譲って、祖母はバー「女神」を開業した。

客のターゲットは、海外からの木材運搬船の乗組員たち。今でいう店舗開業コンセプトの「ペルソナ」（ターゲットとする人物の具体的なイメージ）が明確になっていて、成功の理論通りだ。外国人のみならず地域の人たちも集まり、連日大にぎわいの店となった。

私は時々、洗い場の手伝いをしていた母親を、店の2階でテレビを見ながら待っていた。そんなとき、祖母は私や姉に必ずと言っていいほど説教をした。戦中を生き抜いてきたなかで得られたこと、人間関係のこと、学問のことなど、内容は多岐にわたった。

そこには、現在でも大きな教訓となって私の耳に残っている逸話（金言）がある。これは客商売の極意でもあるが、弱い気持ちが心の表層に現れてくるとき、必ず思い出される。

「おまはん（和歌山県の田辺弁で「あなた」の意）、腹立つことあるやろ」

「はい！」

「よし、正直や。うちもあるけど、絶対に本気で怒ったらあかん。怒らせてもらったことに感謝せなあかん。この前な、カウンターでうつむいて洗い物してたとき。客席でビール飲んでたお客さんが立ち上がって、『これ飲め、おごったるわ！』って、うちの頭の上からビール1本分かけてきたんや」

「……」

「泡やらシュワーとしたビールやらが、うなじからお腹まで流れたわ」

「腹立ったやろ？」

「そら、普通腹立つわ。でもそれ抑えて、グッとこらえて首と頭をタオルでさっと拭き、冷蔵庫でビールを取り出して、栓を抜いたんや。『お客さんありがとうございました。ごちそうさまでした。もう1本抜かせてもらいます』言うて、笑顔で前に置いたんや」

「えーーー！　意味わからんわ」
「それや新ちゃん。相手は酔っ払いや。調子に乗って機嫌良く楽しんでくれてるんや。まずその酔っ払いに、酒に酔うてもない店の人間が、本気で相手したらあかん。それがひとつ。もうひとつは、ビール大瓶1本、あっという間に空けてくれたことに感謝せなあかん。ビール1本売るのに苦労するんやで。ほんまにありがたい。それが商売や」

なんという意思だったのだろう。いくらお客とはいえ、怒りの気持ちが湧き上がったに違いない。それを押し殺して、追加のビールをポンと抜く機転と勇気に、身内ながら拍手喝采だ。勝手にビールを追加された客は、笑いながら飲んで機嫌よく帰ったという。

当時の私には真意が理解できなかったが、そこまで読み切った祖母の商売勘は、他に類を見ない。40歳を過ぎたころ、この話の価値がとても重くのしかかってきた。

こうしたことを誰かに伝えなければならないと心のなかで叫びつつ、今の産業フードプロデューサーという仕事を始めることとなった。このエピソードは、みずからへの戒めとして常に心にとどめるとともに、外食産業の店長にお伝えしたい話でもある。

## はからずも〝料理界の東大〟へ

時代は流れ、祖母はバーを閉じて喫茶店やスナックを開業した。そんな祖母の影響は大きかったが、私は最初から料理の世界を志していたわけではない。少年時代は落語に夢中だった。なにげなくつけたラジオから流れてくる、おもしろくて粋な語り。それを録音して繰り返し聞くうち、いつしかネタを覚え、テレビの「素人名人会」に挑戦した。

中学生にしてなんば花月で落語を披露する機会をたびたび得たのち、芸人の卵が集まる番組にも呼ばれるようになった。高校に進学してからはラジオの準レギュラーを務め、ついには、ある噺家の内弟子にという話まで進んだ。

進路をどうするか、来る日も来る日も悩んでいた日のことだ。阿倍野の近鉄百貨店の屋上でぼんやりと風景を見ていると、ひとつの看板が目に留まった。

「**大阪あべの　辻調理師学校**」

目立つ大きな看板は出すべきものだ。

「ん？　調理師学校かぁ……」

目的も事前連絡もなく、そのまま学校を訪問すると、分厚いパンフレットを見せられた。

キャッチコピーにしびれた。

## 「料理界の東大　大阪あべの辻調理師学校」

誇張ではという疑念もあったが、心地よく耳に届くコピーである。

パンフレットに目をやると、「おぉ！」と声には出ない、小さな叫びを放った。そのころ、とても人気のあったテレビ番組「料理天国」（ＴＢＳ）の監修を、この学校が担っていることを見つけたからだ。私はこの番組が好きで、なかでも貫禄のあるいで立ちながらも軽妙に、かつ堂々とフランス料理の仕上げをする小川忠彦氏（故人）に惹きつけられていた。

画面に映し出されるフランス料理は、未知の世界。「今日はソール・ボンファムといって、舌平目のクリーム煮です」というシェフの説明を聞くと、すぐに魚介の図鑑を見て、舌平目なるものの姿を確認した。どんな味がするのだろう、どんなソースが合うのだろうと、番組を食い入るように見ていた。その舌平目を自由に操る小川忠彦さんがこの学校にいるのだと思うと、もう「ここしかない」と即決である。あこがれの力は大きい。

そして4月から学校近くの寮に入り、通学しはじめた。１クラスは１８０名、全部で10クラスあった。そのうち女性は30名ほど。そんな時代だ。

授業が始まると、見たこともないほど立派な、金色のトサカのような髪型（リーゼント）をした人が20％くらいいることに驚く。ここは鳥小屋か？　いや、15％くらいはまじめで、実に熱心だ。東大や阪大を出てから入学してきた人もいた。私はこのとき、こう決めた。「何があっても自分流で、料理人になり続けるのだ」と。悪い誘いがあろうと鳥小屋だろうと、腐らず、自分に負けないようにしようとした。

## 携帯のない時代、電車で何をしていたのか

実技も講習も「和・洋・中・製菓」の4ジャンルあり、座学では料理の概論や料理史、材料学のほか、食関連法規の授業もあった。勉強してみると中国料理がおもしろい。日本料理なら寿司が楽しそうに感じる。お菓子も悪くない……。

結局、初志を貫き、西洋料理を軸に据えた。といっても、当時はまだイタリア料理が不毛のころだ。ノートに記録する文字は、西洋料理に限ってフランス語だけにした。

授業は興味深く、充実していたが、専門学校の学費は決して安くない。

それが親にはきつそうに見えた。私は考えをめぐらせ、始発に乗れば授業に間に合うと気づいた。寮を出て自宅から通えば、寮費がかからない。片道3時間かけて通うことにした。行き帰りの合計6時間、特に列車に乗っている5時間は充実していて、苦にならなかった。

携帯もパソコンもない時代に何をしていたか。

行きの半分は寝ているが、1時間は料理の本を読んで予習をした。始発駅から席を確保できていたので、勉強する環境としては悪くない。帰りは、授業のノートを整理し続けた。

今でもあるのかはわからないが、試験の課題として大根のかつら剥《む》きと、じゃがいものシャトー剥きが当時はあった。中華は包丁の使い方、菓子は泡立て技術やクリームの絞り出しが課題だ。実技テスト前の1カ月間、私はいつもの目立たない席に陣取り、包丁を出し、じゃがいもと大根に向き合った。今なら考えられない行動である。

列車の中で菜切り包丁とペティナイフ、合わせて2本も出したかと思うと、じゃがいもの皮を剥き、大根を帯のように剥くなど、大胆不敵非常識。しかし、車掌にとがめられることはなかった。あとから聞いた話では、朝一番で毎日通う学生がいることが、始発の駅ではちょいとした噂になっていたようだ。しかもそれが、元国鉄職員の息子だということも。鉄道関係者の温かい配慮のおかげで、ちゃんと卒業できたのだ。

そんなことを繰り返していたなか、肝臓病を患っていた父が入院した。冬が訪れる時期、家族で交代して夜の看病にあたり、私は病院から学校へ向かう日も少なくなかった。

忘れもしない3月のある日、学校に着くと、担任に呼ばれて父の訃報を聞いた。

「今日明日が山だから、今日は学校休んで病院にいなさい」という親族の声を振り切って出席した、その日だった。なぜそんな大事な日に休まなかったのか。私は、父や母が汗水流して学校に行かせてくれたことを、皆勤という形で証として刻みたかったのである。

忌引きが明けて、卒業式の準備で学校に行くと、担任が神妙な面持ちで父の死を悼んでくれた。のち一転、少し笑みを浮かべ、「中村、お前、最優秀賞とったぞ」と告げられた。

「2000人いる生徒の中で成績一番や。担任としてもこんなに嬉しいことはない！」

父が生きていたら最高のプレゼントになったのに。

料理には絵心が必要だとよくいわれるが、私は絵がうまかったわけではない。ただ、子どものころ、書棚に数多くあったルノワールやロートレック、モネ、ピカソなどの絵画本や美術雑誌などを、引っ張り出しては読んでいた。父が集めたものだ。

父は絵や音楽への関心が強い人だった。勤めていた駅の機関車庫を描いたものが、額に入れて飾ってあった。どうやら展覧会で受賞したものらしい。

私は書棚に並ぶ「アトリエ」という雑誌に載っていた「遠近法」や「三点透視図法」などが頭に残っていた。そのせいか、19歳のころに突然、絵が描けるようになった。

料理は芸術と称されることもあるが、私はそうは思っていなかった。なぜなら芸術は後世までカタチとして残るのに対し、料理は消えてしまうからだ。しかし、その考えはのちに覆る。料理とは突き詰めれば「食べる芸術」なのだと思いはじめるようになった。

ピカソ美術館で、「ギター」という立体作品を目にしたときのことだ。鳥肌が立ち、図鑑では意味がよくわからなかったことが、一瞬にしてつかめたのである。その作品は一般的な「ギター」とは異なる形をしていた。しかし作者が「自分が思っているギター」を表していることは間違いない。セザンヌやモネの独特な筆づかいや光の加減なども、その技法でなければ表せなかった。そう理解したのである。

料理もそれと同じなのではないか？

そこから開けて、**料理とは真似をするものではなく、「自分が考える表現をすればいい」もの**という考えに至った。**しょっぱい、酸っぱい、明るい、暗い……どう感じたのかを伝**

**える自分なりの表現方法を、どの料理人も持っている**。自分のやりたいことを率直に表現できる人がトップにいきやすいのではないか、というのが、現在の私の見立てである。

## 人生を変える出会いと大失敗

学校からの勧めもあり、辻調理師学校を卒業したあとは同校の教職員の道を選んだ。新入職員が集められた日、全員に組織表が手渡された。配属が決まる日だ。

私の配属は教務部で、「講習助手」となっていた。講義室で教授のサポートをするのが仕事だ。1年目は実習助手からスタートするのが通例だったが、そのひとつ上のポジションを得たのだ。いきなりの出世である。もちろん悪い気はせず、有頂天になっていた。

いくつかの失敗をしながらも、なんとか1年を過ぎようとしていたころ、大きな業務が訪れた。フランスから招聘した三つ星シェフの特別講習の助手である。

当時のフランス料理は過渡期のころで、本場フランスの技術を直接国内で学べるチャンスは、ほとんどなかった。それを憂いた辻静雄校長は、みずからフランスに出向き、シェフたちと親交を深めて関係を強化した。特別講師として学校に来てもらう道筋をつけ、ジョエル・ロブション、ルイ・ウーティエ、アラン・シャペルといったミシュラン三つ星のスーパーシェフが続々と訪れたことで、たくさんの知財が学校に集まった。

この日も外国人による特別講義があり、聴講者が多く熱気ムンムンだった。

講習が中盤にさしかかったころだろうか。水場で鍋を拭いていた私は、手を滑らせ、小さな銅製の鍋を落としてしまう。教壇のほうへカランコロンと転がっていく鍋を、慌てて拾いに行こうとすると、火場（コンロ前）の先輩もとっさに動いた。私はトルション（鍋つかみ用の布）を、あろうことか、種火の点いているガス台に置いてしまった。

当然ながらトルションは発火し、大騒動に発展した。フランス人は拗《す》ねて怒り出し、通訳兼解説の教授も怒り心頭である。萎縮した私は、「申し訳ありません」のひと言が出てこない。波乱の講習が終って、誰も口をきいてくれなくなった。1日過ぎても心は晴れず、もうダメだな……と思って仕事に出ると、さらに空気は冷たくなっていた。

## ゴミは宝物——捨てる神あれば、拾う神あり

職員は朝出勤すると、教務課のホワイトボードにある「今日の配置先」から自分の名前を探す。いわばシフト表のようなものだ。翌日、人員配置を確認に行くと、「焼却炉　中村」となっていた。焼却炉とは、学校の中にある燃えるゴミを焼くだけの仕事である。

「終わった」

そう思った。様々な気持ちがこみ上げたが、やってしまったことは仕方がない。甘んじてこの処分を受けようと、ゴミを焼き続けた。

次の日もあくる日も配置は「焼却炉」だった。

この状態は半年近く続き、ボードに貼られた中村の札は、移動不要ということなのか、テープで固定されるようになった。同僚たちは忙しそうに教室を出たり入ったりしている。

「自分はここで何かできることはないのか」と自問自答していたなか、あることに気づいた。焼却炉に集まってくるのは生ゴミではなく、燃えるゴミ。どうでもいいものが主だが、価値のあるゴミも混ざっていたのだ。授業の教材や配布プリントがそれである。

校内には輪転印刷機があり、各担当がインクにまみれながら自分の授業の教材を刷っていた。そのときのゴミに加えて、学術出版部から私たちの手には渡らないような書物のコピーも惜しげもなく捨てられていた。なかには、各料理研究室が研究している未完成レシピも。

「へー、中国料理では、フカヒレってこういう風に戻すんだ」「梅干しから塩を抜くのは、こんなに手間なのか」「アーモンドプラリネのコツは、こうだったのか」「フェルナン・ポワンってすごい人だったんだ」……。

気になるミスプリントやコピーはすべてファイリングした。知識が蓄積されていった。


そんな日々を過ごし、いつものように焼却炉にいると、「中村、小川先生が呼んでるぞ」と先輩に声をかけられた。（ファイルのこと、バレたな）と冷や汗をかきつつ、処分覚悟で出向いた。あこがれの主任教授に会えるのに、叱られるのか……。

「あんさん（あなたの意）、スクラップは増えたか？」

「……すみません、ご存じでしたか。申し訳ありません」

「増えたか、と聞いているんや！」

「はい。しっかり増やしました」

「よし。それはよかった。来週から、料理天国の担当をやってくれ」

料理天国って、あの料理天国？　小川先生が認めた人しか担当できない、料理天国のスタッフに私が？　まさに地獄から天国。飛び上がるほど嬉しいお叱りが天から降ってきた。

あとから聞いた話では、たまたま焼却炉の近くを通った小川先生が、ゴミを1枚1枚見ながら燃やしている職員に興味が湧き、あれは誰だ？となったという。以来、時々陰から見て、資料を集める様子に感心し、料理の腕は不問で料理天国担当の指名となったそうだ。

私にとっては、「**捨てる神あれば拾う神あり**」。捨てるゴミあれば拾い上げなければならないゴミもあった、ということなのだ。教訓がまたひとつ増えた。ゴミは資源だ。

## 夢の番組担当が始まった

「料理天国」は毎回、入念な準備ののち収録が行われていた。企画会議に始まり、歴史的背景の考察、メニュー決定、材料や食器の選定、事前試作など。準備だけでこれだけの工程があった。
料理ってすごい——試食演者のコメントがあるとはいえ、**画面からは味そのものを伝えることはできない。にもかかわらず、関係者全員の努力によって番組がまるで人間のよう**

**な個性を持ちはじめ、料理を当日の主役にしていく。**それがたまらなくおもしろい。落語の舞台で中心に立ったときの何倍もの大きな満足感が、脇役の私を包みこんでいった。

たとえばこんな感じである。

その日のテーマはムースだった。ムースとは、魚介などのすり身と卵、生クリームを合わせ、ふんわりと蒸し焼きにした料理や、果物のピュレとホイップクリームを合わせた菓子などを指す。

打ち合わせで、小川先生が私たち料理担当にビデオを見せた。ハマグリのお吸い物に、ホタテのしんじょう（和食のムースのようなもの）が浮かんでいる。

「よーく見て覚えてね。この張りと柔らかさ。ホタテと鶏肉を使って、これと同じものをつくって。浮かせるスープはオマールエビのコンソメね。あとはよろしく」

1回見たきりで詳しくは教わらないが、私は大いに満足していた。

事前に何度か試作を行うと、オマールのコンソメは苦もなくできたが、ムースが難しい。鶏肉を使うとザラザラした食感になりやすく、さらにホタテの貝柱と合わせると奇妙な張りが残り、かまぼこのようになる。プリッとするが、ザクッともした食感なのである。

どうしたものか。私は和食の先輩先生に酒を飲ませ、「しんじょう」の話を聞き出した。

そして、こんなつくり方を選んだ。

①ホタテ貝柱と鶏むね肉を、低温の塩水にさっと浸し漬けにする。水気を切り、冷蔵庫に入れて水分を抜く

②冷たくしたフードプロセッサーにホタテ貝柱、鶏肉、フュメドポワソン（魚のだし汁）を入れて細かくすりつぶす

③少し卵白を入れて、さらに挽く

④裏ごしをして、冷たく冷やした擂鉢《すりばち》に入れ、細かくすりおろした自然薯《じねんじょ》、追加の卵白を入れて、あたり棒でよく混ぜる

⑤冷たいボールに移し、生クリーム、グラニュー糖、塩、白こしょう、フェンネルをバランスよく入れ、冷やして寝かせる

⑥オマールエビのコンソメを取ったあとのガラで軽いだしを取る。そこに、❺をスプーンですくって卵型に成形して入れ、低温でゆでる

⑦❻をオマールエビのコンソメに浮かべる

ようやく小川先生を呼んで事前試食である。ひとことも声はないが、笑顔でグーサイン。試食は1分、開発は（他の料理も含めて）1カ月。まずは第一関門通過だ。

ここからが勝負だ。この恐ろしくナイーブなムースは、大阪でつくって、新幹線で東京に運ぶことになる。料理とはかけ離れた「輸送技術」にも神経をすり減らした。

そして、本番のとき。

煌々《こうこう》と光るライトの下、数々の料理やお菓子が並ぶ。どれも各担当の力作揃いで美しい。我がムースはというと、こうなった。クリストフル（銀食器のブランド）の器に、湯気をたっぷりと湧き上がらせたオマールエビのコンソメが小川先生によって張られる。そこにまるで赤ちゃんをお風呂に入れるように丁寧に、丁寧にひとつずつ、柔らかいムースが浮かべられた。思ったとおりの浮き加減だ。

器のなかに鎮座するオマールエビの赤とのコントラストが実に心地よい。完成だ。

番組はいつものように「さあ、皆さん。料理天国の時間ですよ！」という司会者の声から始まった。出演者の試食は大盛り上がり。番組の進行は滞りなく、そしてスタジオ参加者たちの試食は「おいしい」の連続だ。

料理のエンターテインメント性って、しびれる！　食の世界にとりつかれた瞬間である。

## ヨーロッパ修行で受けた洗礼

番組を担当しながらの教職員としての日々は充実し、入職からあっという間に5年が過ぎた。教職員は同校出身の人がほとんどという環境にい続け、外の空気を吸いたくなった私は退職し、「ミストラル」という大阪のフランス料理店で勤務しはじめた。

そこで2番手の料理人として働き、3年目のころ、ロンドンの「Le Gavroche《ル・ガヴローシュ》」の研修生にならないかという誘いが舞い込んだ。当時、ミシュランの三つ星レストランとして5本の指に入る名店だ。西洋料理を志したひとりとして、もちろん私は渡欧を決めた。

といっても、今から30年以上も前の話だ。観光ビザで渡航するケースも珍しくないなか、オフィシャルな勤務先が見つかったのは運が良かった。それでも、ヨーロッパでの生活は金がかかる。

最初に住んだフラット（共同アパートのようなところ）の家賃は週7万円。月給は12万円だ。貯金を切り崩したり、同僚と部屋をシェアしたりと工面の日々が続いた。

三つ星レストランの厨房は次ページの図のような構成となっている。

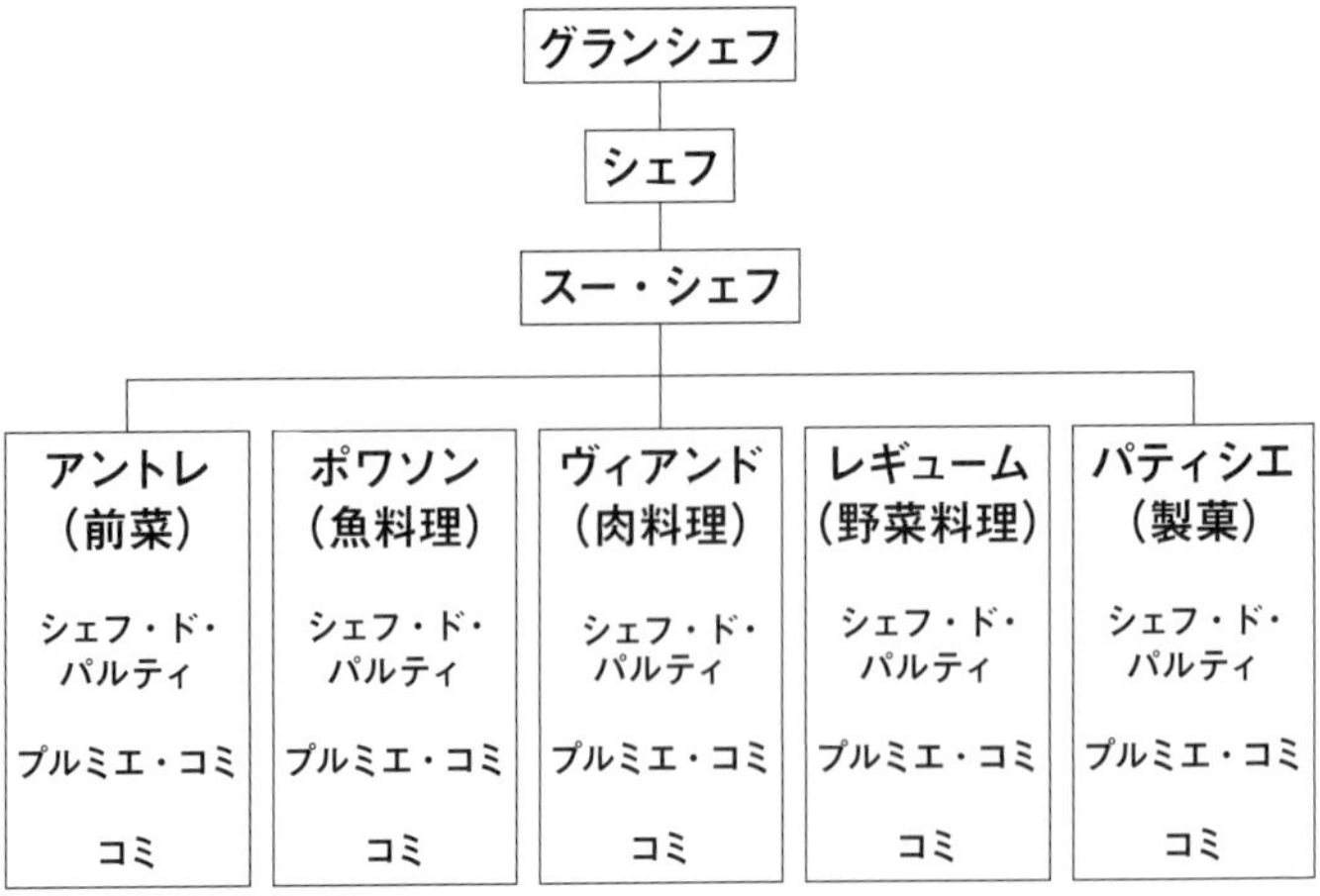


「グランシェフ」は最も上のシェフで店の顔。「シェフ」は実質的に厨房を仕切る人だ。「スー・シェフ」はシェフを支える切れ者で、「シェフ・ド・パルティ」は各パートの責任者である。その下に、シェフ・ド・パルティを支える「プルミエ・コミ」、「コミ」（修行中の新人）「スタジエ」（研修生）と続く。ル・ガヴローシュでは総勢24名だった。

働く側にとって、三つ星レストランという存在は自分のキャリアを積み上げる場であり、世界で戦えるかどうかを見きわめる場所でもある。様々な人種が集まり、皆が我先にと主張するため、日々バトルに事欠かない。私が配属された「Poisson（魚料理）」のセクションはニュージーランド人、オーストラリア人、日本人（私）、イギリス人の4人構成だった。

厨房ではおおむねフランス語だが、通常の会話では英語が混じり、コミュニケーションで困難をきわめた。渡航前に日本で半年ほどイギリス英語を学んでいたが、こちらに到着した日から、駅員の訛《なま》りに苦戦する始末。

現場ではささいな勘違いからすれ違いに発展する。たとえば、魚の切り身をラップフィルムに包んで冷蔵庫に入れたことを、ある人からは褒められ、ある人からは叱られる。うまく説明できればなんてことのない話だが、これが続くと塞ぎ込むようになる。言葉の壁は徐々に私を闇へ引きずり込んでいった。


ある日、奇妙なことをしている自分に気づいた。なんと、正座して壁に向かい、日本から取り寄せた経典の般若心経を唱えていたのだ。「明日にはフランス語と英語がペラペラ話せる。きっと変わる」と自分に言い聞かせ、神仏に祈っていた。完全にノイローゼだ。

それでも仕事は続く。次の日の仕込みを終えて部屋に戻るのは午前1～2時。そして午前5時に起きて出勤。心も体もトコトン疲れ果て、地獄の日々が続くのである。

## 発想・技術・道具で得た小さな栄光

時間があれば本や新聞を読み、ラジオを聞き、英語の習得に勤しんだ。次第に、雑音のように聞こえていた英語が言葉として届く感覚を得られるようになった。そうしてまともにコミュニケーションをとれるようになったのち、2つの貴重な経験をすることとなる。

ひとつは、「Le Poulbot《ル・プールボ》」という店での体験だ。滞在期間が限られていたこともあり、私は先の店の系列で一つ星のLe Poulbotに異動を願い出た。この店はランチのみの営業で、土日は休みだ。ずいぶん時間にゆとりが増えた。

店は1階がビジネスマン対応の気軽なパブ、地階はオフィシャルなレストランとして、とても繁盛していた。前の店とは異なり、こぢんまりとしたスタッフ体制だ。シェフ、スー・シェフ、シェフ・ド・パルティ（私）に、コミ4名という所帯だった。

イギリスのフランス料理店でもバカンスはきちんとあって、そのときは厨房の人員が減る。シェフが1カ月、スー・シェフが2週間休むというではないか。

「上司2人揃って！」と思いつつ、「自分が厨房でトップか。そりゃ気楽や」と胸も躍った。バカンス時期ともなると少し暇とはいえ、それなりにお客は入る。若い部下と日々を過ごしていると、張り詰めた空気が店に流れる日が、突然やってきた。The Good Food Guide：Britain's best restaurantsという、イギリスではミシュラン以上に料理人たちが重要視していたレストラン評価本の、調査員が来店したのである。料理はシェフが書いたメニューに加え、日替わりメニューも出さなければならないため、残されたチームであれこれ考えて毎日1品つくっていた。その日は「Assiette d'anguille（うなぎのテリーヌ2種のアンサンブル）」というメニューを出していた。

**●うなぎのテリーヌ　その1**

うなぎをすり身にしてムースにし、ハーブをたっぷりと混ぜ込む。うなぎの身を白焼きにしたものを軽く燻製して3層にし、ムースと重ねて型に入れて焼き上げる。生クリームたっぷりのわさびソースを添える。

**●うなぎのテリーヌ　その2**

うなぎの骨をオリーブオイルで揚げてから油抜きしたものでだし汁を取る。それにゼラチンなどを加えてゼリー液をつくる。うなぎの身を焼き上げてから刻んだものを、ポルト酒とフォンドヴォーで煮込んで煮こごりにしたものを、うなぎのゼリーと混ぜて型に入れて固める。トマトのフレッシュピューレをソースに。

メニューは、この2種類をひとつの皿に盛りつけた、クラシックながらも日本の風情が入ったもの。レストランの支配人は、私たち料理人の自由な発想を大切にしてくれていた。

さてその日、調査員が選んだのは、このうなぎ料理だった。何も知らない私たちは、いつものようにそれを出し、お調子者の支配人は（試食もしていないのに）うまく説明した。

調査員が上機嫌で帰ると、支配人は慌てて厨房に来るなり、「うなぎ料理を食べさせてくれ」と言い、切り端を食べるやいなや、「なるほど、お客はこの料理をとてもおいしいと言ってくれているが、ようやくその理由がわかった」と言い残して、客席に帰って行った。

「おまえ、先に試食しとけよ！」

それからしばらくたったある日、いつものように料理を仕込んでいると、サービススタッフが大きな声で「ミスター中村、マイベストシェフ」と言って私を抱きしめた。差し出された本を見ると、「The best restaurant This Year」3店舗のひとつに選ばれている。

キツネにつままれた気分だった。コメントには「うなぎの料理」のくだりがあり、それが決め手になったとある。この功績は私のものと皆が讃えてくれたが、「これは皆の賞だ」と私は頭を下げた。そしてシェフに握手を求めると、シェフも嬉しそうにハグしてくれた。日本から持ち込んでいた、うなぎを処理するための目打ち（釘のような道具）や、日本の砥石《といし》で研いだペティナイフのキレ味の力も重なった、小さなオールジャパンの栄光だ。その後、店は大繁盛。小さなコミュニケーションがとれはじめ、自信がついた瞬間である。

## ウエインストック卿の週末料理人

レストランの経営者Andre Rouxは、貧乏な私を憐れんでか、自身のスポンサーのような存在であるウエインストック卿の週末料理人として、推薦してくれた。私は余った時間を利用して、この新しいサブワークを始めた。これが2つ目の貴重な体験である。

ウエインストック卿ことArnold Weinstock（故人）は、「第二次大戦後イギリスで一番の実業家」とガーディアン紙で評された大富豪だ。週末ともなれば超大物のゲストと食事をして商談をする、まるで映画に出てくるような人物である。

私が料理を担当したころ、彼は70歳を超え心臓に病を持っていたため、健康的なメニューを求められた。レディ・ウエインストック（夫人）の指示を忠実に守りつつ、自分らしいアレンジを加えて料理をすることとなった。

夫妻が週末を過ごしていた屋敷は４００年ほど前に建てられた豪邸を買い取ったもので、Chippenham《チッペナム》という小さな町にあった。美しい庭をしたがえ、敷地は一望しただけでは想像もつかないほど広い。邸宅内には博物館価値《ミュージアムバリュー》の調度品がずらり。

建物の後ろにそびえる山には野生の鳥獣の姿が見られ、裾野には、農薬不使用の有機野菜と果物を栽培する農園が広がる。

そこには農学博士が二人常駐し、野菜を栽培していた。

野菜というのは、土の中で育つものと、土の上で太陽を浴びて育つものに大別できる。今も、有機野菜とそうではない野菜との差について頻繁に質問されるのだが、正直言って土の上で育った野菜は、その差がよくわからない。硬い・柔らかい、甘い・苦いは誰でもわかるが、その奥にある土の具合までは、農業の専門家でもない限り伝わってこない。

つい最近、目隠しをして葉物の有機野菜を食べ比べたのだが、有機栽培がおいしいとは限らないとわかった。

有機野菜の農法は基本的にオリジナルだ。各農家の力量で大幅に違ってくる。ところが土の中の野菜となると、有機栽培とそうでないものの差は大きく思える。特に、にんじんだ。にんじんは甘さが特徴であるとともに、土の香りも強く出る。農薬不使用、しっかりと肥えた土、丁寧な作づけで育った有機栽培のにんじんはおいしい。

ウエインストック卿のところで農学博士の研究により育てられた野菜は、まさに究極ではないかと今でも思っているのだが、それでも調理のしかたによっては味が半減してしまうので注意が必要だった。

では、おいしく調理するコツは何かというと、皮を剥かないことである。

**皮つきで加熱し、あとから皮を取り除く方法をとると、有機栽培の野菜はとてもおいしい。**それを発見し、私は皮を剥かずに加熱し、そのあと千切りにしたり、すりおろしたりして、できる限り味が流れ出ないようにして料理を進めた。

さらに重要なのは、野菜と塩と油の相性だ。シンプルな材料であればあるほど、塩と油をうまく活用すればよい。

私が思う最もおいしいにんじんの料理は次のようなものである。

**1 農薬不使用、有機栽培のにんじんを手に入れる**
**2 葉を取り除く**
**3 土がついたまま、50℃のお湯で洗う**
**4 水分をふき取り、1％の塩を入れたお湯で沸騰させずに40分かけてゆでる**
**5 取り出して温かいうちにラップフィルムに包み、そのまま冷ます**
**6 完全に冷めてから、皮を包丁でこそげるようにしてとり、好みのカットや料理に用いる**

驚いたことに、ウエインストック卿は製塩も支配下にあった。ウェールズ（イギリス中部）で特殊な塩を作っていた。サラサラとしたフレーク状で、口に入れると海の香りと甘み、そして穏やかな塩味が口に広がる。「塩辛くない塩」なのである。この不思議な塩は、野菜と相性が良く、優しい味わいの素材を使うことは料理の楽しさを深めてくれた。

ここでの仕事は得ることが多く、待遇も良かったのだが、いつまでもイギリスに留まるわけにはいかない。ビザの問題もあり、勉強のためにフランスに行く旨を告げると、「ここからフランスに行けばいい。日本にいる家族もいっそ全員、イギリスに呼び寄せて暮らしなさい。店も準備するから」と、耳を疑うような言葉をもらった。

「こんな話、一生に一度あるかないか……ではなく、まずこれっきりに違いない」

私は迷いに迷い、店舗のシェフに相談すると、「すごいチャンスじゃないか！」と言う。

結局、イギリスを離れることを選んだ。未来の可能性を他人に決められるような形に抵抗があったのだろう。海外での思い出は様々あるが、こんな風に体力をすり減らした経験がなければ、その後に連なる貴重な仕事の糧を手にできなかったことは間違いない。

## プロデュース業の重要性とおもしろさに目覚める

その後、私は料理研修としてフランスを旅したのち帰国し、大阪で「リオン・ドール」というフランス料理店のシェフとなった。がむしゃらに邁進した結果、店は高い評価を得て、雑誌のグルメ連載記事で「日本の料理界にモーツァルト現る！」と評してもらったこともあった。

このとき、オーナーシェフを育てる学校から、指導者としての誘いがかかった。独立開業を目指す人たちのお手伝いだ。その仕事が拡大するにつれ、私は経営というものに深く向き合うようになった。「コック50で野垂れ死に」という、ある経営者の言葉がひっかかり、**お金を稼げる料理人**をつくることの重要性が見えてきたころだ。

バブルの崩壊後、店のあった北新地から人がいなくなり、私はホテルピエナ神戸の総料理長に就任した。阪神・淡路大震災後、ここで大きな転機を迎えることとなる。オーナーから「おもしろい居酒屋をつくってくれないか」という要請が入り、「一夜一夜」という、干物と銀シャリが売りのお店をプロデュースした。これが爆当たりしたのである。

事業相談が増えるなか、店舗貸しのオファーもあったため、キッチンエヌを設立して一夜一夜の運営を広げていった。プロデューサーとして、あらたな冒険が始まった。

# 2章

## 無印のカレー開発秘話
## ―おいしいだけでは売れない

## おいしいだけでは売れない

今から20年ほど前のこと。とある外食サービス会社の部長から、「有楽町にある無印良品の外食店舗を一度見に行ってくれないか」というオファーが入った。

当時の無印といえば、私はたまにペンなどのステーショナリーを購入する程度で、カフェ（Café&Meal MUJI）をやっていたことすら意識していなかった。

もともと劇場だったところをリノベーションした大きな館が、有楽町の駅前で存在感を放つ。その2階にカフェがあった。

席数は100を超える大型店。厨房はガラス張りでカッコいい。厨房の前には10メートルほどの長い冷蔵と温蔵のショーケースがあり、料理がちょろちょろと並んでいる。お客の姿はまばらで、決して活気のある店舗とは呼べない状況だ。

料理全体を表したキャッチコピーは「素の食《そしょく》はおいしい」である。

当時のカフェ責任者に経営状況を伺うと、年間数千万円の赤字だという。一般的な個人経営の店舗なら、とっくに閉業しているマイナス額だ。

思ったことを書き綴った簡単なレポートを提出したところ、数日後に無印の役員のK氏から連絡があった。何の用事かと思うと、「この店を黒字にしてほしい」というものだった。

私はフランス料理人ということを今でも自負しているが、そのときは一念発起してキッチンエヌを創業し、産業フードプロデューサー（外食商品開発などを行う）という肩書きでコンサルティング業を始めて3年目のころ。この仕事にホイホイと飛びついた。

「おいしい料理を出せば、客は来る」

当初は、そう思い込んでいた。

私は最も長けた社員を1名この店に出向させ、内部の技術的改善を図りつつ、メニューを書いた。試作を行い、オペレーション（調理やサービス提供の仕組み）を社員に託した。

業務にあたってから1カ月が経ち、2カ月経っても売上数値は上がらない。それどころか下がることもあった。味の評判は悪くなく、厨房スタッフの技量も確実に良くなっている。ショーケースに並ぶ料理の陳列も派手ではないが、きちんとできるようになっていた。なのに、売上という結果に結びつかないのだ。

焦りはじめたころK氏から呼び出され、「なかなか（改善が）進まないですね。この本を読んでみてください」と数冊手渡された。タイトルは忘れてしまったが、中身は無印良品のコンセプトにつながる考え方、つまりフィロソフィー（思想）を綿々と書き綴った本たちであった。読書は得意ではないが、仕事だから読まないといけない。ひととおり目を通したが、何を言いたいのかよくわからなかった。

そこに重ねて新しいミッションが入った。「中村の料理を試食する会」だ。

表向きは有楽町店のスタッフたちの進捗具合を確認する会だったが、実は違った。その会は毎月行うことが条件、しかも試食メンバーは無印良品の重鎮ばかり。なかでも、著名なインテリアデザイン会社「スーパーポテト」の代表・杉本貴志氏（故人）は、知る人ぞ知る超グルメである。何を言われるかもわからず、緊張感は半端なかった。

1回目から5回目までの試食会の雰囲気は思わしくなく、杉本さんから言われることは毎回同じ。

「おいしいけど、無印ではない」

このおっさん何を言っとるのか……？

K氏がこうも重ねる。

「今どき、マズい料理を出す飲食店なんかないよね。どこもおいしいに決まっている。そのなかで、どうすれば無印良品の食ということをわかってもらえるのか、です」

逃げ道をなくした心は困窮を深めるばかりである。
もう一度、いただいた本を読んだ。藁《わら》にもすがる気持ちで読み込んだ。

## 小さな転機

次の月の試食会、6回目である。私はスープをつくった。スーパーポテトの杉本さんに食べてもらいたいため、ポテトのスープだ。

つくり方の手順は次の通り。

**①じゃがいもをよく洗い、芽などがないか確認して水分をしっかり拭う。**
**②100℃のオリーブオイルで、茹でるようにまるごと揚げる。**
**③❷を水、塩、淡いブイヨンとともにミキサーにかけ、牛乳を入れて、じゃがいもの甘さが出るギリギリの量の塩と黒こしょうで味を調える。**

なるべく粘りを出さず、じゃがいもの香りをできる限り消さない仕上げにした。

温度は熱々ではなく、若干下げて80℃くらいで食べていただいた。素材のじゃがいもは特に素晴らしいものを選ぶでもなく、ごく普通の材料で臨んだ。

「来月から、この試食会はやらなくていいね」

スープを食べ終えた杉本さんが、集まった重鎮たちに笑顔で語りかけると、一同やわらいだ表情で頷いた。

それから3カ月目である。お客様の数が目に見えて増えてきた。何が起こったのかわからなかったが、売上が上昇しはじめた。あらためて料理を並べたショーケースをよく見てみると、半年前とは〝何か〟が違っていた。空気感が違うのだ。

今でもその「違い」を感じたことをよく覚えているが、その空気感こそが「MUJIっぽい」ということ、つまりフィロソフィーの形なのである。この曖昧にして価値のある「MUJIっぽい」という言葉は、ひとことでは説明しがたい。しかし、お客様は並べられた料理について、それがそうなのかどうか、可否を確実に判断できていたのだ。

その後、有楽町店は優秀な黒字店に成長した。これを契機に、15年にわたる株式会社良品計画の食のお手伝いが始まることとなったのである。

## 素の食は民藝に置き換えられる

さて、その顧客に「ＭＵＪＩっぽい」と思わせる運営サイドのフィロソフィーであるが、言葉で端的に表現するのが難しいのは、なぜなのだろう。

理由は「創造責任者が不在であること」に端を発する。

無印良品というブランドには、偉大なグラフィックデザイナーの田中一光氏（故人）が亡くなるまでアートディレクターを務め、大きな影響を与えてきた（無印良品の発案者のひとりでもある）。さらに、小池一子氏、杉本貴志氏、原研哉氏、深澤直人氏ら素晴らしい感度を持ったクリエイターがアドバイザリーボードとして名を連ね、その空気感をつくりだしてきた。

無印の商品を見てみると、どことなく素朴なのに安っぽくなく、シンプルにして奥深い。無駄に思われることは省き、残った部分に利用する側の必要性を絞った「機能」を落とし込んでいる。平素使いながら上質感が漂う。〝究極の断捨離〟とも形容できるかもしれない。

この結果は、クリエイターたちの感性の集積ではなく、「重複した部分のみ」が商品づくりのエッセンスとなっていることによるものだろう。

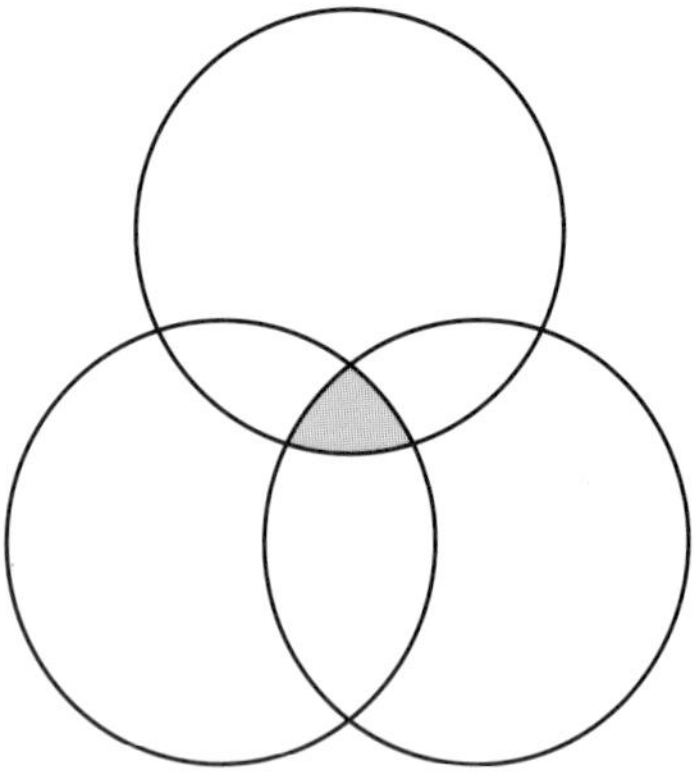

つまり、パナソニックの創始者である松下幸之助氏が意図するような、理念を拡大してゆく方向性ではなく、「複数の人々がつくりあげた思想を時代に合わせる啓蒙活動」が、無印良品のモノづくりであるといえる。

「重複した部分」は円の重なりでも表現できるが、三次元的には「球」でたとえられる。

正多面体(正四角形の箱)からエッセンスを絞った究極が球だとすれば、もとの四角からいろいろなものをそぎ落としていくことで、カドがとれて球に近づいていく。最後に残った〝核〟のようなものを表現することで、集客につなげていく。無印はそういうことをしているのではないか。その意味では、カドをとっていくのが料理人だ。

食についてのみ絞り込むと、「時代に合わせる啓蒙活動」は「民藝」と置き換えることができると私は思っている。

民藝とは、一般の人々が日々必要とする道具類を指す。

たとえば、火鉢の上で鎮座する鉄瓶。おだやかに燃える木炭の熱をうけて、単にお湯を沸かすだけではない。鉄瓶は、下にある炭火の強さを伝えつつ、火鉢を囲む人々にそのぬくもりを伝える熱拡散の役目も帯びている。冷めづらい鋳物であることも重要なファクターだ。これが民藝というものである。民藝には華美な部分がなく、必要に応じた装飾、それもその時代に応じた必要性こそが重要だ。

無印良品は特に民藝を目指していたわけではないと思うが、「（製品そのものの）実用性と素朴な美が愛されている」ならば、それは現代の民藝ともいえる。100年経っても、つくられたものたちの何か（エッセンス）が美しく残っているならば、さらに素晴らしいことだ。

これを食に置き換えるとどうだろう。食の世界で「民藝食」なるものは定義がない。強いて言うなら郷土料理だろうか――しかしながら東京のような大都会に暮らす人々の多くが、郷土料理を日々の暮らしに取り入れることは考えづらい。むしろ、大手チェーンの牛丼やラーメン屋が、もはや都会の郷土料理のような風体をもっているようにも見える。

## たかが下味、されど下味

ここで触れておきたいのが、「国民食」という言葉である。インターネットで検索すると、「納豆、そば、寿司、みそ汁、ラーメン、カレー……」と、なじみ深い料理の名が並ぶ。

これらのなかに、先ほどの民藝の定義を当てはめてみるとおもしろいことがわかる。たとえば寿司。庶民の生活から生まれ、実用性と素朴さがある。さらに三つ星クラスの高級江戸前寿司店ともなれば、盛りつけの美しさが際立つ。

ところが「民藝的寿司」となると、誰も江戸前寿司を想像しないはずだ。きっと北陸の「かぶら寿司」、奈良の「柿の葉寿司」などを思い浮かべ、それがしっくりくるだろう。同じ寿司というジャンルであっても、これほど違う印象を与えるのだ。

無印良品の外食、Café&Meal MUJIが目標としていたものは、柿の葉寿司を毎日食べられるように工夫することに尽きる。少し概念的で申し訳ないので、掘り下げてみよう。

柿の葉寿司の要素は、酢飯、酢〆の魚（海老もあり）、柿の葉、そして四角い形だ。「民藝」となるためには庶民、郷土的な工芸（伝統）、実用性、美が見出される作業をとることになる。

・庶民……手で食べやすい四角の形
・伝統……保存性のある押し寿司
・実用性……柿の葉の持つ抗菌性
・美……緑の葉を開いて、海老、鮭、鯖《さば》、真鯛の並びを見たときの安心感、信頼感

これらをレシピ化してひとつの料理に表現する必要はない。分解して、「外食としての価値観を伴わせ、各要素を散見させつつポイントを際立たせることで完成する料理」を見出すのである。

無印良品の
「かんたん調理
キャロットラペの素」

たとえばＭＵＪＩファン（無印良品の愛好者を私はこう呼んでいる）に人気の「にんじんのラペ」（キャロットラペ）を見てみよう。

にんじんのラペは一般的に、次のようにしてつくられる。

**①にんじんの皮をむく**
**②細切りにして、軽く塩をして、ほどよくしんなりとさせる**
**③ドレッシング、ナッツなどの香味材料と和えて、しばらく置く**

簡単な料理だが、にんじんのおいしさが際立つ良い料理である。

ＭＵＪＩファンは、この調理法のなかに「民藝」を見出す。重要なのは、②だ。つまり塩の使い方である。

塩は保存性を高める。柿の葉寿司の具材である魚介類も、塩をしっかりと施されて保存されたあと、酢で〆られておいしさが増す仕組みとなっているが、**大切なのは「保存目的」の塩が「おいしさ」にしっかりつながっているという点**だ。塩が利いていない単なる酸っぱい魚介は寿司にはならない。それは腐ったように感じる魚なのである。

この**「おいしい塩使い」＋「にんじんの持つ鮮度」のバランスを追求してこそ、毎日使いの料理が完成する**というものだ。

「なんだ、そんなの普通の下味じゃないか？」と言われそうだが、その通りである。しかし、その下味こそが売れるメニューの秘訣となるのは、「伝統的に裏づけられた調理技法のなかに、現在から未来へ受け継いでゆくべき価値」があるから。そこに成功の可否がある。

レシピ本の多くに、「下味の塩……適宜」とある。「適宜」とは都合の良い言葉で、大胆に解釈すれば「使っても使わなくてもいい」ということにも至るのだが、MUJIのにんじんのラペは、にんじんが最もおいしくなる塩量について、様々な処理（塩抜など）を経て残った塩量を勘案して算出したうえで、決められている。思いつきで「これくらいちゃうかぁ?」と決めているのではない。たかが下味、されど下味なのである。

ちなみに塩「適宜」は総量の0・8%、「塩ひとつまみ」は指3本で掴んだときの量で、具体的には0・3~0・4gである。例えば、ひと切れ100gの魚なら、ふたつまみ強になる。

今思えば、無印良品が掲げる「素の食」の学びの卒業試験でつくった「ポテトのスープ」は、この民藝そのものであったように感じる。

じゃがいものスープといえば「ヴィシソワーズ」が有名だが、これには皮をむいたじゃがいも、玉ねぎ、だし汁、香辛料、乳製品が入り、じゃがいもを楽しむ料理となって今に残る。合格したポテトのスープは、できる限りシンプルにじゃがいもの個性を引き出しただけの、誰でもどこでもつくれる料理。言い換えると、ヴィシソワーズのおいしい部分を徹底的にそぎ落として、たったひとつ「じゃがいも」だけがおいしいと感じる部分を残したものだった。

この感覚こそが民藝であるが、これをおいしいと評価されたことは、無印良品の素の食は民藝の追求であると、経験を通して断言できる。

それは、古くから伝わるものの美点を機能的に表現するということでもなく、温故知新というのとも少し違う。**今に残るもののすごさ、現代でも心揺さぶられるものに敬意をはらい、自然体な料理を通して、お客様に素材のおいしい部分を伝える。**それこそ、無印良品の食と言えよう。

## 「レトルト食品」が売れていた理由

外食店舗の課題を当時のスタッフたちと解決し、店舗も増えつつあったころ、良品計画から様々な相談が舞い込んだ。地域の食のリサーチや、後述の「諸国良品」につながる隠れた日本の食を見直すプロジェクト、ＭＵＪＩの料理教室などに関わった。

そのころ、食品部の部長から物販のレトルト商品の味づくりも手伝ってもらえないかというオファーが来た。

私は料理人である。「レトルトなど安物のインスタントだ」と頭のなかで決め込んでいて、内心、物販のレトルトを販売する棚を見くびっていた。そこに、この話である。当時の食品部長であるＮ氏いわく、「実は食品部には売上をもっと増やせという指示が上からあり、各カテゴリーをしっかりさせたい。菓子はそれなりに見えるが、レトルト商品やフリーズドライ商品にひ弱さを感じる。手を貸してほしい」。

そこには、「無添加かつ常温で届けられる食品」という面に着目していた無印ならではの狙いもあった。事実、レトルト食品のイメージは現在とは違って、日常使いとしてはまだ存在感が弱かったころだが、そのようななかでも無印のレトルトは他と比べて売れていた。

乗りかかった無印良品という船。ここはできる限りの努力をしてみようという気持ちになり、まずは商品を点検すべく、売れ筋のものを食べるところからスタートを切った。

無印良品の食物販は当時、飲料、菓子、調味（食品）に分かれていた。よく売れていたのは菓子カテゴリー。特に売れていたのがバウムクーヘンだ。通常、輪切りの形を想像するが、縦割りにしたスティック型が特徴である。今では、形や焼き色が揃っていないことを前提とした商品、その名も「不揃いバウム」がメインとなって様々なフレーバーが展開されているが、それは工場を視察した社員が、端が捨てられていたことに疑問をもったことがきっかけだと聞いている。ロスを減らす効果があり、無印の象徴的な商品といえよう。

一方、調味（食品）のカテゴリーはレトルト、調味料、フリーズドライなどが主流。なかでもレトルトは棚の幅も大きく取られていたが、当時はまだ、これと言って主力と呼べるものがなかった。

試食はカレーから開始した。そのときのカレーの売上頭、グリーンカレーとキーマカレーから着手することとなる。

さて、ここで疑問が生まれた。一般的なレトルトカレーは通称「ルーカレー」と呼ばれる昔ながらのカレーが売れ筋だ。そのころでいえば、ボンカレー、ククレカレー、カレーの王子様など。ところが無印良品では、グリーンカレーとキーマカレーだという。

「なぜ？」私はシンプルにそう感じ、「おいおい待てよ、ここはちょっと立ち止まって考えよう」と、食品部長のN氏にその理由を聞いてみた。

「無印に買い物に来られたことはありますよね？」と部長。

「はい、もちろん」

「では何を買いに来られましたか？　決して食品ではないと思います」

そういえばそうだ。ステーショナリーか家具、調理具だったと伝えたら、

「それがうち（食品部）の弱さなのです」

と返ってきた。

つまりこういうことだ。無印良品に買い物に行く際、明確に「これを買おう」と思って店を訪れるお客は少なく、目的もなくぶらぶらと歩いて商品を眺める客が主だった。そんななか、売上は衣服、家具、ステーショナリーなどに偏っていて、食の分野に関してはそういう購買者がたまたま通りかかって、少し気になっての「ついで買い」。なので、

**・カバンに入りやすい、薄くて丈夫なレトルト**
**・いつものスーパーで買えるものではなく、ちょっと気になるもの**

これらに当てはまるグリーンカレーが売れるのである。

「でもなぜ、グリーンカレー？」と尋ねてみたが、明確な回答はなかった。

## 無印良品の要は品質管理

そこで、想いをめぐらせていたとき、無印良品の別の仕事で、日本国内のモノ・コトのワケを感じる食を集めた「諸国良品」や、そのスタートのきっかけになった「Found MUJI」という取り組みを思い出した。

北海道の寒干しラーメン、高知の干し芋・ひがしやまなど、個性があって物語がしっかりした食が集まっていた。ポップアップで販売されるものもあり、なかでも売上が顕著だったのが沖縄産のもの、しかもミミガー（豚の耳の加工品）のようなものが売れるのだ。若い女性が多いイメージの無印のお客が、まさかミミガーを買うのか？と、もはや不思議でしかなかった。

本企画を主導していた方にそのことを話すと、

「不思議なんですよねぇ、まったく。でもひとつ言えることは、ヤバそうに見えるものでもＭＵＪＩなら安心できるからじゃないかなあ、って感じてます」

「なるほど！」

現地の雑貨屋や土産もの売り場のミミガーはなんとなく手を出しづらいが、「無印良品ならきちんと管理されたものが選ばれて、売られているに違いない」と判断されているのではないか。言い換えれば、無印良品の要は「品質管理と品質保証」をつかさどる品管チームで、そこが優秀だからミミガーが売れている。つまり、「**顧客の信頼感そのものが物販の命**」。そうなると話はつながった。

・熱殺菌処理が優秀なレトルト商品
・信頼のおける品質管理

この2つが商品開発のカギになりそうだ。加えて、女子ウケする観光地の特産品も購買されやすい環境をつくっていたことになる。

レトルトというと手軽な半面、ともすると手抜き、化学的、おいしさから遠いといったイメージが付きまとう。でも無印のレトルトには〝安心感〟があった。

「さすが、品管！」

しかし後に、この品管チームのすばらしさが、グリーンカレー開発の壁となる……。

そのころ、無印良品の食開発は「現地から学ぶ」が主流だった。外食も物販も、である。理由はこうである。無印良品の商品開発は、次のようなプロセスで行われていた（当時）。

**商品企画**

↓

**販売計画**

↓

**食品メーカーに試作依頼**

↓

**試作品点検**

↓

**販売計画修正**

↓

**パッケージ（食品一括表示含む）製作**

↓

**製造委託**

↓

**本製造（品証点検）**

↓

**物流センター**

↓

**販売店舗**

どのプロセスも相当慎重に進められるが、最初の「商品企画」の段階は、将来の売上数獲得に向けた戦略も兼ねるため、かなり神経を使う。無印良品は一部を除き、基本的にはＰＢ（プライベートブランド）のみを販売しているため、みずからの意思を明確にしておかなければ、コンセプトを表現しきれない。形になる前にスクラップ＆ビルド（頭のなか

での改廃）を何度も繰り返していく。

その昔、多くの食物販企業の商品開発では、食品メーカーからの提案サンプルを有象無象に集めるだけ集めて、気に入ったものにブラッシュアップをかける、ということがよく行われていた。いわばメーカーの開発が考えたアイデアを利用するようなものだ。

しかし、そうするとメーカーの意思や嗜好性に偏りを残したままで商品化されることになる。できあがったものは〝ＭＵＪＩっぽさ〟にほんの少し手が届かない。

無印良品はＳＰＡ（製造小売業）だ。一般的にＳＰＡとは、企画から製造、販売までを垂直統合させることで、ＳＣＭ（サプライチェーンマネージメント）の無駄を省きつつ、消費者ニーズを早くキャッチして対応を迅速にするシステムを指す。

その具体的な手法として、現地の本物をメーカーの開発担当者と一緒に見て、食べて目線を合わせて開発し、さらにコンセプトを注入しなければならない。グリーンカレーもそうして生まれてきた商品であった。考えや建付は揃っている。それでも何となく、ぼんやりとした味と香りなのである。

いま日本に出回っているグリーンカレーのなかで、私がとても優秀だと思うのは、アライドコーポレーション（神奈川県）とヤマモリ株式会社（三重県）が販売しているものだ。どちらもタイに精通しており、現地の人々からも味について高い評価を受けているため、間違いなく本物といえる。

開発段階で、これらのグリーンカレーと無印良品のグリーンカレーを食べ比べたところ、負けていると感じた。いったんは、この2社のグリーンカレーをベンチマーク（指標とするもの）と設定し、私は開発スタッフとともにタイに飛んだ。

## 本場に出かけたからこそわかったこと

タイ料理はおいしいものが多い。甘さと香辛料、そして絶妙なナンプラーがあいまって、クセになる。特に、コクのベースにもなり、甘い香りとトロリとした甘い味わいのココナッツミルクは、タイ料理らしさをつくる。

日本から持参して食べ比べたベンチマーク商品は、現地のものと大きな差がなく、特徴であるココナッツのおいしさがあふれていた。ところが無印良品のレトルトカレーといえば、現地で比較してみたところ、大きな輪郭はとれていたものの香りのインパクトがまったく違うことに気づいた。

「カフィアライムの香りが足りないのでは……」

カフィアライムとはタイ料理でよく使われる「コブミカンの葉」のことで、現地ではどの店のグリーンカレーにも使われていた。ベンチマーク品にも当然のように入っている。しかし残念ながら、当時の無印良品のそれには見当たらなかったのである。

ポイントはここにあるはず——そう確信し、開発スタッフにカフィアライムの葉を入れていない理由を尋ねた。すると、「異物と勘違いされる可能性があるため、品質保証の関連部署からストップをかけられた」ということがわかった。

「それや、そこや！　カフィアライムの葉、入れさせてもらえるよう頼んでほしい」

「中村先生、それはまず無理だと思います」

即答である。内心ムッとしつつ、こちらもここは引けないと奮い立ったが、日本に帰ってから品質保証の担当者に話を聞く

カフィアライムの葉

と、一気に絶望感に襲われることとなる。

単に異物と勘違いという理由だけではなく、この葉には虫が多くついていること、また農薬が残留している可能性もあり、許可できないとのことだった。

しかし、諦めきれない。いや、ここで諦めては未来が見えなくなる。

開発チームは、カフィアライムの葉入り・葉なし2種類のグリーンカレーを、製造委託先のメーカーに依頼して試しにつくってみた。食品部の方々に食べ比べてもらったところ、入っている方が明らかにおいしいとのコメントを得たのである。

「おいしいもの、本物に極めて近いものをつくるのが使命だったのでは？　なぜ現地で学んできたことが商品化されないのか。釈然としない」

MD担当を通じてそう強く迫ったところ、次のような打開案が出てきた。

カフィアライムの葉に、

**1　虫がついていないこと**

**2　残留農薬がないこと**

これが保証できるなら、前向きに検討できるという。

私は即、MD担当にお願いして、メーカーである「にしき食品」（宮城県）に、この2点をクリアすることを伝えてもらった。

ところが、ここでも〝鉄壁〟を誇るにしき食品の品質管理の担当者から、難しいとの回答を得ることになる。さらに製造担当からも、「葉っぱを1枚1枚手入れすると経費高になる。しかも、大きさが異なる葉がバラバラで入っても良いのかどうかも、はなはだ疑問」といわれる始末。ごもっともな内容で……。

しかし、しかしである。ここはチームとして諦められない。

そもそもなんのために私はこの仕事を依頼されたのか——それをあらためて考え、N部長に「売上、欲しくはないのか」と脅しに近い（?）コメントで打診した。

さすがに売上増には気持ちが高ぶったのだろうか。無印サイドとメーカーとで交渉が行われた。そして、時間はかかったものの、粘り強くこの難題を解決してくれたのである。

ここまでくると、無印良品の品証担当も（表向きは）納得して「やっぱりおいしいものは、出さないとね」というセリフを残して、晴れて販売となった。

……なんやねん、ほんま疲れるわぁ。

さて、その商品は堅調に売上を伸ばしたのだが、何よりもうれしかったことは、販売から数年経ても、カフィアライムの葉について「異物混入」というクレームがないと聞いたことだ。お客はよく知っているのである。

## 課題を抱えるエースの改良依頼がきた

グリーンカレーの成功があり、開発チームも勢いづいた。やはり「本場で学ぶのは良いこと」である。

N部長から下った次なるミッションは、「バターチキン」カレーのブラッシュアップ。もともと、メーカー独自の設計でスタートし、2009年から発売されていたが、これも決め手がないままそこそこの売上を確保していた〝問題を抱えるエース〟であった。当然ながら、本物を知るために、今度はインドに飛ぶこととなる。2012年のことだ。

結論から入るが、いまや無印良品のバターチキンカレーはモンスター商品だ。改良やリニューアルを重ねつつ売上を伸ばし、ロングセラーとなっている。直近のデータでは、

2023年に年間約550万食を売り上げ、無印良品のあまたあるアイテムのうち、ネットストア売上ランキングで第1位だ。

昔はほとんどのスーパーマーケットになかったバターチキンカレーが、当然のように棚に並ぶこととなったのは、無印良品がつくり出した売上の影響だと断言できる。もはや無印の食品の代名詞といっても過言ではない。

念のために付け加えるが、これだけ売るためには「販促計画」が必要である。**売れすぎたときも対応できるよう、大量に製造して在庫を確保しておく大胆な予測も不可欠**だ。さらに、その予測を確信に変えるデータも必要であり、偶発的に売れたのではない。

開発に関わる前、私はこの商品がこれほどまで大化けするとは思っていなかった。売りづらいと思った理由は価格である。バターチキンはその名の通り、バター、そして生クリームが入るため、どうしても製造原価が高くなってしまう。

当時スーパーで主流だったレトルトカレーは、150円前後。この求めやすい価格と比して、無印良品のレトルトカレーは100円ほど高かった。ラインナップに入るとはいえ、まじめにつくると販売価格が400円を超えることは避けられない。そう踏んでいたからである。

いま（2024年時点）では税込350円で販売されているが、これは商品の中身を知る私としては、奇跡ともいえる価格であることを前置きしておきたい。

**商品名まで凝りに凝った、にしき食品のインドカレー（当時）**
**サグチキン（左）／パニールマッカニー（右）**

このカレーの製造委託先は、グリーンカレーと同じ、にしき食品である。この会社では当時にわかにインドカレーブームが生じていて、傍から見ると驚くほどインドカレーに傾倒していた。インドをこよなく愛する担当が営業に着任したこともあってか、会社をあげて、インドカレーのおいしいレトルト商品づくりに熱を高めていたのである（レトルトだけに加熱殺菌の工程同様、社員の熱も高い）。

このタイミングと無印良品の商品計画がうまく合致したことが、スタートの好要因でもあったと思う。

## 海外食リサーチの心得

初めてのインドリサーチのことはよく覚えている。それはとても好印象だったからだ。メンバーは良品計画の調味部門担当者1名（女性）、メーカーのにしき食品から5名（商品開発と営業）、コーディネーター兼添乗員（インド人）1名、そして私である。

食品メーカーからすると、商品のコンサルタントが同行するのは決して歓迎することではない。何を言われるか知れず、メーカーが持つ技術力を盗まれる危険もありうる。そのため多くの食品メーカーは、私たちのような役割の人間に対しては壁をつくりがちで、あまり心を開かない。

ところが、にしき食品の方々は非常に好意的で、明るく楽しい。そしてまじめである。「これはうまく（開発が）進められるな」という確信を持った。ただの精神論ではなく、様々な会社や人と仕事に取り組んできた、経験にもとづく確信だ。

海外での食リサーチというと、楽しそうだと思う人は多いだろう。未知の領域に入っていくことは確かにおもしろいが、内臓を酷使するため体調管理に配慮する必要がある。

どうでもいいことだが、インド用の私の常備品は（衣類を除いて）、次のとおり。

- **濃厚カテキン茶（ペットボトル）　日数分（油脂の多い食事が続くので）**
- **下痢止め薬　1瓶（私の場合、ワカ末が定番。インドではオーバードーズの危険性高し）**
- **風邪薬　3日分（飲みなれたものを）**
- **帽子（後頭部はきっちりカバー）**
- **スリッパ（必ず持っていこう）**
- **洗面具一式（しっかりした量の歯磨き粉が欲しい）**
- **除菌ティッシュおよびティッシュ（余ると思うほどあっていい）**
- **電圧対応プラグ（全世界対応型）**

どれを欠いても不安になる国である。参考にどうぞ。

このリサーチの旅では、たくさんの種類のカレーを食べる。バターチキンが目的とはいえ、それによらず何種類もカレーを食べる。さらに、バターチキンはニューデリーなら店を変え、その他のインド国内では地域を変えて食べる。大衆的な店でも高級なところでも食べる。

一般的には、食べた料理を詳細にメモすることが大切なのだが、私の場合、画像は撮ってもそのとき料理名は覚えない。そんなことに脳の体力を消耗するのではなく、大きな観点で料理の特徴やクセ、店全体の方向性や食べている客の反応を見て、根底にある料理の流れを体感する。

特にインド料理では油の質と種類、その配合が重要なため、細かい味使いより、食べ終わった後の油の残り方がポイントとなる。

スパイスは細かいところまではわからないもので、これも全体の印象を、自分が今まで積み重ねた記憶と併せて類推するようにして試食を進めていく。

「積み重ねた記憶」というのは、こういうことだ。代表的なスパイスを20種類くらい混ぜたとき、そのなかの1種類だけ量を多くすると味が変わる。ナツメグが増えると甘くて苦い、カルダモンが増えると……といった各種パターンの味の確認、あるいは日ごろの料理の経験の積み重ねなどから、スパイスの組み合わせの味の記憶が蓄積されるのである。また、たとえば「なぜこの魚とマスタードが合うのか」を考えるとき、そこは川魚が多い地域といった知識も、材料を推測するときの一助となる。

さらに――これは開発を経験したことのある人ならわかると思うが――試食中に「これはイケる」というヒントが見つかったら、そこで初めてペンをとり、完成図を想像で描くようにしている。この場合、レトルトが対象であっても「盛りつけ図」が必要。なぜなら、パッケージ写真を想像しているからだ。

そして次の日の朝、前日に試食した料理を思い出しながら、ひとつひとつ画像と料理名を合わせてパソコンに保存する。「次の日」という理由は、**食べているとき最も心に残る要素が、次の日になっても残っているかどうかが重要**だということに基づく。**次の日に印象に残らないような料理は、それをトレースしてつくっても売れない**ものだ。

少し話が変わるが、日本の外食店舗はたくさんのジャンルで構成されている。和食ひとつとっても、そば・うどんから高級割烹まで多種多用だ。またイタリア料理、洋食、中華料理、エスニック料理……など、選ぶのが難しいくらい種類が多い。毎晩食べる家庭料理でも、パスタやお好み焼きがテーブルに上がることは常態化している。

ところが、インドではインド料理、つまりカレーを毎日食べている。和食やフレンチの店もあるにはあるが、家庭料理となればインド料理のみだ。実は日本がたいへん特殊なのであり、イタリア、フランス、イギリスなども自国の料理が家庭料理だ。日本は家庭レベルでもバリエーションが豊かだともいえる。

こんな話をしたのは、インドでは家でも外食でもカレーなので、必然的にバターチキンカレーのパターンが多くなっていることを知ってほしかったからだ。

さらに、インドでは貧富の差が大きいため、カレーの味の奥行きが異なる（富裕層が食べるもののほうが、濃厚な素材が使われて深みが増す傾向）。

これらインドの事情をひとつひとつ精査すると、徐々にバターチキンの本質が見えてくるのだが、それをもともと知っているインドの人が、現地人としての目でこれらを分析してもほぼ役に立たない。日本で売るためには日本人が、しかも無印良品のフィロソフィーというフィルターを通しながら吟味しないと、見過ごしたり、見誤ったりする。

そのためできる限り多くの種類のバターチキンカレーを食べて、隠れた要素をひも解かなければならないのである。

## バターチキンの〝無印良品的本質〟を見つける

カレーの旅は、ニューデリーから始まった。私が参加する前にも、すでに無印良品の担当者とメーカーの方々は同様の経験があるため、インド訪問は慣れたものである。ニューデリーの街中に立つと皆、商品会議のときとは別人のように元気満タンだ。「やっぱりインドはいいよなあ」というメーカーのスタッフたちの服装はずいぶんと自由だった。お客さん（無印良品スタッフ）の前なのに大丈夫か!?と思うような恰好をしている人や、ビーサンを履いて闊歩する人、暑いのに帽子もかぶらず「暑い、暑い、早くプール」とぼやくスキンヘッドの中年男性もいて、この会社、インド以上にカオスである。

デリーは環境も建物も近代的なニューデリーと、そのなかにある昔ながらの街並が残るオールドデリーという区域に大別される。ニューデリーは道も舗装されていて綺麗だ。インターナショナルクラスのホテルも多く、レストランも清潔。インドのトイレ事情は概して女性にとって好ましくなく、コーディネーターはトイレ休憩として綺麗な大型ホテルに私たちを連れていく配慮を欠かさなかった。

ニューデリーの通り

オールドデリーの雑踏

　ところが、ひとたびオールドデリーの区域に入ると様相は一変する。人はいたずらに多く、車のクラクションもけたたましい。働いているような、働いていないような人で埋め尽くされていた。建物につながる電線は、束ねられているのかどうかからない不規則さで垂れ下がり、道路は数年前に舗装した雰囲気はあるものの、その面影はない。溝にはどろんとした水があふれていたが、見ないことにした。

　しかし、明確に何とはわからないが心に溶け込んでくる〝なにか〟がある。目に入ってくる色は人、家の壁、料理、スパイス売り場……みんな地球色である。オールドデリーは喧噪のなか、日本人が忘れかけた、湧き上がるような生命感に触れることができる場所なのだ。

　それにしても、ここの道路の混み方は半端ない。信号のない交差点がたくさんあって、人々が我先にと通ろうとするから渋滞して当然だ。そういうなかをマイクロバスが通過するのは難しいため、コーディネーターはオートリクシャー（三輪タクシー）を用意してくれた。言葉が通じないと乗りなれないが、敏腕のインド人コーディネーターは、運転手に厳しく行き先を伝えてくれる。おかげで、安心かつ効率的に移動ができた。

話は少しそれるが、このオートリクシャーという乗り物、なかなかの優れものである。60代以上の方なら道を走るオート三輪を覚えていると思うが、今の日本ではほとんど見ることがなくなった。しかし、このなんともいえない愛らしい形と動きに魅せられる人も一定数いるようで、最近では輸入品として販売されている。1台80～100万円とそれほど高価ではない。できたての料理を販売するキッチンカーはそこそこ値が張るが、食物販ならこれで十分と、催事やデリバリーに利用している人も増えているようだ（私も欲しい）。

オートリクシャー。小回りが利いてとても便利

バターチキンカレーのヒント探しは、メーカーの〝インドフリーク〟がイチオシの店舗からスタートした。非常に繁盛している大衆店舗だ（名前は伏せるが、本書執筆時点でも存在）。店の前には群がるように人が集まり、列などはなく、あったとし

ても順番は守られない。席が空くまでしばしの「待ち」である。

この店は間口4メートル程度の小さな店で、2階にも席がある。外からガラス越しにカレーを煮込む小さな厨房が見え、調理人が手際よく料理をしている。食い入るように見ながら写真を撮ろうとすると、厨房スタッフが「No! Photo!」と制す。久しぶりのカオスに怖気づくが、ここはしっかり目に焼き付けるべしと、食い入るように見つめたところ、おもしろいことがわかった。

「なるほど、これがインド料理のコツのひとつやな！」

## おいしいものは油脂（アブラ）と塩でできている

初日からこんな体験が得られるとは、と胸が湧き立つ思いがした。それは、のちに私が関わる商品開発にも多大な影響を与えた、自分なりの大きな発見であった。そのすべてを明かすことはできないが、導入だけでもお伝えしたい。

「おいしいものは、脂肪と糖でできている」という広告文をご存じの方は多いだろう。このキャッチコピーを考えた方は相当よく勉強されている、というか、食を客観視できているると思う。

日本人の食文化としては古来、油脂（アブラ）との関わりはそれほどなかったが、安土桃山時代にポルトガルの影響で長崎にてんぷらの原形となるものが上陸してから、江戸時代にかけてゆっくりと大衆に広がっていった（てんぷらの名は1669年『料理食道記』に初めて登場）。明治時代に西洋文化の流入が著しくなってようやく、「料理とアブラの密接な関係」が成り立ってくる。糖も同じで、昔は薬屋で売られていたものが、食用油の普遍化と同じような流れで一般的になった。

やがて**アブラと糖は、おいしさに欠かせないカギとなって定着した。**

西洋料理の登場とその普及は、それまで穀物と野菜、魚が中心の食で育ってきた日本人にとって、パンドラの箱を開けたといっても過言ではない。わかりやすい代表は、少し甘くてトロリとしたデミグラスソース。大人でさえ虜になる。ましてや子供がひとたびふんわりとしたハンバーグにかかったそれを食べると、「オイシイ！」と瞬間的に確実に、かつ深く脳に刻み込まれる。

この「ハンバーグのデミグラスソースかけ」という料理が、アブラと糖の象徴だ。日本でハンバーグがこれほど流行り、今でも隆盛を極めているのは、この麻薬のような〝いったん記憶に刷り込まれると消えない〟味を、幼いころから知っている人が多いからではないか。

しかも、味覚が敏感な幼児期にこれだけ中毒性を伴う味と出会っていたら、自分が親になったとき、その快感や感動を子供にも伝えたいと思うものだ。その実、レストランや食品メーカーのたゆみない開発努力の甲斐もあり、現代ではいとも簡単に、子供にそれを体験させることができる。〝アブラと糖のアリジゴク〟へまっしぐらだ。そう簡単にはデミグラスソースのかかったハンバーグをやめられないのである。

先の料理店で発見したのは、この味の体験の裏づけとなる「**油脂を操る**」ことだった。ガラス越しの厨房からは、3つの鍋が見えた。鶏肉を煮込んでいる鍋、ラムを煮込んでいる鍋、豆と野菜を煮込んでいる鍋。どれも、スパイスの色の移ったアブラが、鍋から出る湯気を抑え込むほど厚みをもった層となり、たっぷりと浮いていた。

インド料理ではよくギーというアブラを使う。ギーは牛やヤギなどの脂肪からとれる澄ましバターのようなもので、野菜や肉を炒めるときなどに使われる。特に重要なのは、スパイスの香りを立たせてギーに香りを乗せる調理手順。先述の鍋にはスパイス色のギーが浮いていた。

ポイントは、鶏肉（皮なし骨付き）、ラム、野菜と分けて煮込んでいた点だ。つまり鶏肉の鍋の浮き油には鶏肉の脂が、ラムの鍋にはラムの脂が混ざっている。野菜は脂が基本的にないのであっさりしている。

専門的な話をすると、**アブラには性格があり、素材によって融点が異なる。性格が違う3種の素材を一緒の鍋で煮ると、平たくいえばひとつの味になる。ところが、3種類を別々に煮て、最終調理の段階でドレッシングのように簡単に混ぜるだけにすると、それぞれの油の性格が出て、複雑な味になる**のだ。アブラの差が味の深まりにつながっている。

深みを出すためのこうした手法は、洋の東西を問わず行われているが、インドの伝統食がつくられる日常的なシーンでそれが行われていたことに、私は驚嘆した。

オーダーが入ると、調理担当者はこれらの油脂を少しずつすくい取ってひとつの鍋に入れ、カレーを仕上げていく。年のころは30歳くらい、目が鋭くギラギラしていたこともあり、その素早さは「厨房の獣」のように思えた（私は気に入った）。

ほどなくして席が空き、座ってバターチキンカレーをオーダーして出てきたものを見ると、そのころ無印良品が出していたものとは比べ物にならないほど粗末な見た目である。が、ひとたび口に入れると、「旨い!? うーん、違う。激しい味」。

〝いろいろなおいしさ〟が詰まっていて、バランスが取れているのに、カドもある。

スパイスは口のなかで踊り、骨付きの鶏肉はほろりと崩れながらも味を失っていない。ソースはサラリとしているが、コクがあって優しい。スパイスから出た、赤パプリカのような優しい地球色の油脂が皿の白と重なりあって、光り輝く。

「何や、これは!?」

絶叫に近い感動を心のなかに抑えながら、黙々と試食した。

「インド料理の入口としてこんなおいしいものを食べてよかったのか?」と独りごとをいいながら店を後にし、次に向かった店で、私のインド料理に対する意識は一気に確信へと昇りつめた。

次の店はオールドデリーの（支店がバンガロールにもある）、歴史があり、かつ人気の高いイスラム系レストランだった。ここの名物は、絶妙に旨い羊の脳ミソのカレー。トロリとした脳ミソとパンチのあるカレーソースが最高の相性。もちろんオーダーしたが、これに魂を持っていかれそうになる自分を制し、バターチキンカレーに集中だ。

ほろりとした鶏のもも肉は、ほんのりと炙った炭の香りがし、厚みのある甘みとクセのない後味が良い。先ほどの店の味とは異なり、凝縮した旨みがソースに集約されている。そして何より、独特の甘みと酸味がたまらない。

インド料理は野菜らしい甘みが特徴であるが、それを引き締めているのは塩である。**どの料理を食べても、味の輪郭がしっかりとした塩味で引き締められている。しかもそれは、野菜などの素材と複合した、複雑な甘みと折り重なるような風味を引き出す油脂とともに、おいしさを際立たせていた**のだ。

インドでは日本と違って、「**おいしいものは脂肪と塩でできている**」。これは極意である。

## 購買ターゲットは誰か

無印の「バターチキン」は何度かリニューアルが行われていることを前述したが、最新のものは6代目である（2024年12月時点）。私は3代目（快進撃のスタート）から開わった。つまり、2代目までの課題を解決することが役割だった。

そういう場合は直近の商品のレシピを見て、凸凹を調えるような変更をかけることが基本である。しかし、私は無印良品の担当者に「完全つくり直し」を提案した。今までの味の構成を根本的に考え直す、ということだ。通常それには時間がかかるが、次のような理由からスケジュールに間に合う自信があった。

**・インドでの現地調査で、メーカーと良好な意思疎通がはかれた**
**・味の中心は塩と油脂であることを理解した**
**・濃厚さを演出する工夫が必要だと判断した**

完全つくり直しとはいえ、メーカーは完全なゼロからスタートなどしない。味づくりに自信を持っている会社なら尚さらである。そこも読み込んだ。言い換えると、「完全つくり直し」という課題に立ち向かえる強さを持つメーカーだと信じたのである。

商品開発を担当しはじめたばかりの人にありがちなのが、食に関する知識が浅いまま、食べに行ったりネットで調べたりして得たMR（マーケットリサーチ）の情報を鵜呑みにしてしまうことだ。そして、それをもとにした要望を、食に詳しいメーカーに突きつける。

当時の無印良品の担当は、良い意味で理想主義なところがあったが、メーカーを下に見るようなことはなかった。常々、意見交換を重ねていたため、いわゆるコンサルタントである私の考えもうまく浸透した。こちらのアドバイスを肥やしにしつつ持論を固め、そしてメーカーに改善方向を指示した。

こちらのリクエストは、既述のポイントを活かしながら、味の輪郭がより鮮明にわかるようにすること、そしてターゲットの年代や性別を絞り込む戦術である。

無印の担当が狙いを定めた主な購買層の年齢は、38歳。働きながら子育てをする年代で、忙しい家事のなかにあっても個人の価値観をしっかり維持し、高めていくような人たち。無印良品のレトルトカレーはこういう方々に強く支持されている。

年代別外食客単価のデータでは、30代女性は男性よりも単価が高い傾向にあり、レトルトカレーについてもそれは同じだ。家族用のレトルトカレーを常備しようと買い物に出かけると、自分用には高めのもの、パートナーには自分用より安価で、量があるものを選んだりする（世の男性諸氏はお気をつけいただきたい話だ）。

こういうターゲット層を具体化する用語として「ペルソナ」がある。演劇などの登場人物を指すラテン語から転じた言葉で、「つくり手側が使ってもらいたいと願う架空の人物像」を示す。それをつくりあげ、**「この人ならこう行動するだろうな」とか「こんな服を着て、こんな外食をするだろう」といった生活行動を推察して、開発の精度を高めていく。**

私はペルソナを架空の人物とせず、皆が知っているタレントに置き換えてもらうことにしている。その方がわかりやすいからだ。好きなタレントではなく、あくまでも無印良品を利用しているシーンがしっくりくる人を設定する。そうすることで、担当者全員が同じ目線を保ちやすくなる。

ちなみに私は落語以外では芸能人音痴なので、タレント名を当時も今も多く知らない。会議で若手スタッフからタレントの名前を挙がると、こっそり携帯で検索して〝ふむふむ〟と知った顔を決め込み、話題に参加できるよう虚しい努力をしている。

仕事と子育てを両立させている女性が、ほっと一息ついたランチタイムに太陽の日差しの入るリビングでひとり、無印良品のバターチキンを食べている。そのイメージにぴったりのタレントとは、今だと誰なのだろう。ネットで調べてみると……聞いたことのある名前がいくつかある！　しかし、ペルソナとしてしっくりくる人はいなかった。

開発当時、というより無印の仕事に関わるようになった最初のころから、私のなかの無印良品的ペルソナは「はな」さんだった（公式のペルソナだったわけではない）。実際のはなさんを知らないので、あくまでもメディアを通して得た印象からの判断だが、素朴さのなかにある理知的な目線が、無印良品っぽさと重なっているように感じていた。自分に合う上質を丁寧に選んでいる気がしたのである。

この方なら、こんな皿を使い、ご飯の量はこれくらいで、少しだけハーブのトッピングもしてくれるに違いない。そしてカレーの辛さは、ごくわずかなパンチが効いた方がお気に入りのはずだ。そうイメージした。

こうして**ペルソナが決まると味も決まる**。はなさんが喜びそうな味を、あくまでも想像の世界ではあるものの、全身を入り込ませて頭のなかで味の完成形をつくりあげていく。この段階までくると深く集中していて、売れるかどうかなど配慮する気持ちはない。

「誰かひとり」を納得もさせられない味など、どこに出しても売れやしない。まずはこの人のおいしいという笑顔を見たいのだ。

## 最初の試作品ができあがる

今回の味の見直し作業のポイントは、次の2つに絞り込まれた。

**・おいしいものは油脂と塩でできている…基本的概念**

**・改善ではなく開発の意識、すべてをやり変える気持ちで取り組む…つくる人々の熱意**

このポイントは無印にもメーカーにも共有された。

そしていよいよ、にしき食品の開発チームがリニューアル試作初号品を仕上げてきた。担当者はおそるおそるの参加である。

このメーカーは丁寧にご飯を炊いて、炊飯器ごと持参する。肝心のレトルト品は、事前に近くの事務所で温めてきちんと保温した状態というように、準備をおこたらない。

食べてみた。

濃厚な旨みが根底に感じられ、野菜から生まれている甘さをうまく表現している。濃度はやや強めで、酸味も穏やかでキレが良い。スパイスは複合的な香りを放ち、そのとき販売されていた商品とは大きく異なっていて、インドのレストランで提供されていたものと違わない。すばらしい。現地で学んだ成果を大いに放つ一品だ。

無印良品の担当者も納得している様子である。

「おいしいですね。さすがです！」

私がそう言うと、背を丸めていた開発担当者は一気に背筋を伸ばし、表情が明るく変わった。営業スタッフも冷や汗を拭きつつ笑顔となった。

「ただ……」

このひとことが、メーカーの開発者にとって一番イヤな言葉だ。

「ただ、おいしいのですが、しっくりきません」

私がそう続けると、いったい何を言い出すんだ⁉　という顔がずらりと並んだ。

「この味は、ナンやロティ（インドのパン）で食べる味で、ご飯で食べる味には少し離れている気がします。インド過ぎます」

実は、私はこのひとことを放つことになるだろうと予測していた。というのは、にしき食品は必ず「本物」を持ってくると踏んでいたからである。従前よりこの会社は、インド料理をそのまま提供できることを、レトルト加工品を通して証明したいと努力してきた。今回の調査でも、細かなスパイス使い、濃度、色などをきちんと記録していて、間違いのないコントロールをしてくると想像できていた。

しかし、料理を完全にコピーすることは不可能である。日本でつくる以上、また販売価格をセーブする以上、いくつかの制限が伴うのは仕方のないことだ。つまり、それなりの合成調味料を使用しなければならないのである。また、食品製造会社には好みの調味料メーカーがあり、どうしてもその調味料のクセが残るものだ。

この商品の配合レシピの詳細を明かすことはできないものの、材料は、商品パッケージに記載される「食品一括表示」で確認することができる。この表は、文字の大きさや記載事項など、こと細かに法律で定められており、間違えることは許されない。したがって、真似しようと思えば、材料だけは揃えることができる。

ときおり有名メニューの完全コピーができるという〝味づくり名人〟がメディアなどで取り沙汰されるが、料理の世界で完全なるコピーは無理だ。誇張されている部分をつかむことで、とても似た味にはなるが、同じ配合になることは絶対にない（と私は思っている）。

それほど微妙な差で競い合っている世界でもある。

調味料に話を戻すと、インド料理は合成調味料を使用しないのが基本だ。豆や野菜などから出てくる天然の素材を組み合わせ、また、だし汁や程々に酸化した油脂を組み合わせて、おいしい味をつくり出す。

それをそのまま踏襲して製造した商品となると、とてもじゃないが多くの消費者の手に届く価格にはならない。酵母エキスや発酵調味料などの使用は当然のことである。

にしき食品は、インド料理に合う調味料を選び抜いて使っている。なので、他の同価格帯であるどのメーカーのものより〝インド料理〟として成立していた。

そこがこの開発において長所であり、短所であった。

バターチキンカレーは北インドの料理だ。インドではカレーをナンやプーリーといったパンと共に食べる。ナンをご存じの方は多いと思うが、塩と砂糖、それにギーで調味されているため、濃厚な味わいが既にある。これと共に食べるバターチキンカレーは、ナンが持っている味と口のなかでひとつになることで完成する。

もちろん、米と共に食べることもある。米はインディカ種で香りが良い。これを炊きこんだビリアニという料理と共に食べると、風味がさらに強化されて、旨い。これらから感じられるおいしさのコツは、「全体でおいしい塩分量を、いかに推し量るか」である。

無印良品のバターチキンのパッケージは「ごはんにかかった状態」が印刷されている。買い求めてくれたお客様は当然、ご飯と食べることを最初に考える。ナンと食べようと思う人もいるだろうが、圧倒的にご飯が多いはずだ。日本のご飯は咀嚼《そしゃく》を前提とした食べ物で、噛めば噛むほどに味が出る。一方、カレーは噛まない。どちらかというと胃のなかに流し込む食べ物と言ってもおかしくない。なので、ご飯の甘みを感じる隙間がない。

さらに、私たちがどれだけ思いを込めて「炊き上げた熱々のご飯と食べてほしい」と願っても、冷凍しておいたご飯を電子レンジで温める場合があるし、炊飯済みのパックご飯を温めて、そこに直接カレーをかけて食べる人も相当数いる。つまり、**あくまでも「ついで買いしたカレーを、最悪の条件で温められたご飯と食べたとしても、意外なほどおいしいと感じてくれるバターチキンカレー」で**

無印良品
3代目「バターチキン」

**ないといけない**と私は考えていた。
そこに試作初号品として出てきた「まさにインドのバターチキンカレー」。おいしいが、このままでは無印良品のバターチキンカレーとしては売れないと判断した。心のなかではスミマセンと何度も繰り返していた。

## バターチキンカレーを変えたもの

しっくりこない旨を告げたあと、私は具体的な理由と対策を話した。

「何が気になるのかというと、粘性と塩です」

続けて、次のようなことを伝えた。

まず粘性、ねばりけについて。インドの人々が好んで食べるバターチキンカレーの日常性やご馳走感が、商品のDNAとして組み込まれているのはよくわかる。ナンと食べるなら最高。ただ、これを温めて食べるのは白いご飯。もしかしたらパックご飯かもしれない。その場合、米の目詰まり具合が、おにぎりほど詰まっているとは言わないが、ある程度米と米の間に入っていきつつも、「乗る」粘性が好ましい。

そして塩度について。酵母エキスか何かを入れていると思われる。それが効きすぎて、旨味はあるが、ご飯と食べると底が浅い味になってしまう。せっかく野菜やバター、生クリームをふんだんに使用しているのに、それらが生かされていないことが気になる。そこを改善してほしい。

無印良品の開発担当者はこれに続けてくれた。

「私も細かなことはわかりませんが、私たちのお客様にご飯と一緒に親しんでもらうには、本格的すぎると思いました。もっと引き算でも良い気がしています」と。

さすがに良品計画の社員は、良い言葉を使う。「引き算」である。

**力を入れすぎてつくった料理は、何かが過剰になることが多い**。**これはハレの日には良いが、普段使いには何となく重く感じられる**。素晴らしい試作初号品は、旅行してわざわざその地で食べるカレーの味であり、日本の自宅での普段使いにしては豪華だったことを見抜いていたともいえる。これは民藝に通じるものづくりのフィロソフィーに他ならない。

私はこれらの改善は、メーカーの開発担当者が次のような手法に着手することを想像して指摘した（企業秘密であるものを除く）。

・レトルトの加熱処理後に弱まるつなぎ素材（小麦粉やでんぷんなど）を使用
・旨味調味料の種類変更とその量の低減
・若干の甘み強化と、塩の増量

この日はこれで終了し、次回の試作第2号品を待つこととした。

レトルトの加熱処理とつなぎ材料について補足すると、製造上レトルトのパッケージに詰め込むにあたって、適切な粘性というのがある。粘性が低くなりすぎると、封入に支障が出てしまう。しかし、ご飯との相性を考えると、今回のものよりもう少しサラッとしたものが望ましい。そこで、熱を入れることでコクになるけれども、粘性は弱まるようなつなぎ素材が妥当だと考えたのである。

1カ月後、前回の宿題が提出される日が来た。メーカーの営業は相変わらず冷や汗、開発担当者は少し自信めいた顔をしている。

食べてみた。

口のなかに温かいご飯とバターチキンカレーを入れた瞬間に、すべての改善がなされていることに気づく。

米ひと粒ひと粒の間にソースが絡む。

旨味調味料の存在が弱まり、スパイスが鮮明になり、かつ、乳脂肪が際立つ。

その分、塩味の輪郭がはっきりして、ご飯との相性がよくなった。

無印良品の開発担当も笑顔だ。味については問題なしだが、無印の担当者からするともうひとつの課題であった「価格に対するお得感（満足度）」として、鶏肉の個数を1つ増やしてほしいという要望を繰り出した。

そこからは押し問答が続く。いろいろと解決方法を探りつつ、着地を見ることになるのだが、試作第2号品でほぼ完成となるのだから、メーカーの底力を見た思いである。


そのようにして、リニューアル品は完成し、いよいよ社内の大きなイベントである新商品展示会に出されることになった。このイベントは定例で行われ、次年度に強化する商品を展示して、内外に周知するものだ。

特に重要なのは、各店長への訴求だ。無印良品には多くの店舗があり、そこには店長がいる。売上を獲得できるかどうか、また利益が確保できるかどうかの成果は、店長の力量にかかっているといっても過言ではない。店長たちは活性化につながるヒント満載の展示会を心待ちにしている。食ならきちんと試食をして自分で味を確かめることになる。

この展示会で店長たちから好評を得る商品はヒットするという、社伝説があるとのこと。そうなると当然、開発担当者全員が緊張する日でもある。

果たしてその日、「おいしい」「早く売りたい」という声が多く聞こえ、なかなか良い反応が返ってきた。

ここが売れる強さの秘訣ともいえる。つまり、各店の店長にもフィロソフィーが浸透する勉強会が重ねられており、彼らは直感的にＭＵＪＩファンの好みに合うかどうかを判断できる能力を備えている。その人たちからの支持は、言い換えれば消費者の声でもある。

最前線の店長たちが納得する。この最後の山を越え、晴れて販売だ。

「皆さんご苦労さまでした……」

ここからバターチキンカレーの快進撃が始まるのだ。

# 3章

# バターチキン
# 快進撃の根底にあったもの

## どっぷりと世界に入ることでわかるフィロソフィー

Café&Meal MUJIの店は増えはじめ、改良していったバターチキンカレーなど食物販の商品たちも良いスコアを残せるようになり、微力ながらも貢献できている実感が湧いた。小さな課題や問題は散見されたが、担当者たちがうまく切り抜けていってくれていた。

それでも「もっと無印良品の思考を会得しないといけないなあ」と思いはじめていたころ、良品計画は「木の家」の販売を開始した。それは私が「いつかは家を建てたい」と、ちょうどいい場所を選定していた時期と重なっていた。

当時、モデルハウスを展示していたのは有楽町店の1階。建物のなかに家をつくるという、面白い試みだ。とてもリアルに感じられ、見るたびに欲しくなった。値段を見ると結構安い（カスタマイズしていくと安くはないが……）。

この家の特徴は、構造部分に木（集成材）を使いつつ、強度もある金具を併用した倒壊しない家という謳い文句である。加えて、大きく開いた窓や大きく張り出した庇《ひさし》が個性的だ。日本の緯度を考慮して、夏には日差しを適度に遮り、冬はそれを取り込むという仕組みになっている。太陽と共に床暖で温められた空気が、大変優れた断熱材により建物全体を温めるため、光熱費が比較的安いことも良い。

ここまでくると欲しくてたまらない。誰に相談もなく、購入を決めてきた。

建てたのは、神戸市にある閑静な住宅地。この地域は宅地造成されてから20年以上経っているため、周囲にはそこそこ古くなってきた家も多い。そこに、いきなり銀色（ガルバリウム）でできた箱のような家が建ち、何か奇妙な感じの家ができたとか、ご近所にいろいろ言われていたようだが、本人は気にしない。

無印良品の家「木の家」

無印良品の家に住み始めたということを、スーパーポテトの杉本氏に話してみた。
「おー、そうなんだ。そりゃいいねぇ。はじめはトタンの倉庫みたいとか言われるだろうけど、時間が経つと地域になじむし、その後、なじんでもずっと古ぼけない形をしているから100年の価値はあるよ」
そう言ってもらった意味が、実際に住んでから徐々にわかってくるのがこの家である。当然、無印良品の家具や机が似合うようにできているし、ステーショナリーや家電などもすっきりと、落ち着いて使いこなすことができる。

無印良品「木の家」の購入に至ったのは、ただ単に欲しいと思ったからではない。もっと未来につながる〝民藝の真意〟のようなものを得たかったからだ。別項でも書いたが、民藝とは**使えば使うほど、磨きこまれて使いやすさを増し、不要なものを捨て去っていく**ものである。この家にはそういう力というか、役目があると考えていた。

そのころ、良品計画で商業デザインを担当されていた方と懇意になっていたので、調理器具はガス火が良いのかどうかなど、いろいろと相談をしてみた。さぞや年季の入った雰囲気の機器類を紹介されるだろうと思っていたら、とても新しい機能のフランス製のＩＨクッキングヒーターなどを勧めてくれた（買ったのはメンテナンスがたやすいパナソニック製だが、当時はまだ珍しかった）。

デザイナーご当人が欲しかったのではないかと思ったが、杉本氏の言葉を今思い出すとその真意がよくわかる。民藝の魂が宿るものは、最初は奇妙に思えたとしても、使えば機能がきちんと果たされ、未来につながっていること。そして、当時は珍しいＩＨ調理器がいずれ普及する将来性をアドバイスしてくれていたのである。

仕事と家と、公私にわたって無印良品の世界にどっぷり入ることとなった。こうなると、まるまる生活が無印良品なので、ここで食べる、あるいは考えるメニューや商品はおのずと、そのフィロソフィーに合致してくるというものだ。

もっと面白かったのは、無印良品の「仲間」を探すことに役立ったことである。

## バーミキュラの鍋は〝MUJIっぽい〟か?

無印良品の店舗に並ぶ商品には、社内で〝MUJI仲間〟と呼ばれるものがあった。自社オリジナルの商品ではないものの、無印が認めたワケがしっかりとしている商品のことだ。わかりやすくいえば、他社製品をお試し的に販売している状態にあり、一定の認知や成果が得られれば、正式にPB化される。

無印良品の家でそれらを試食したり使ったりすると、フィロソフィーが無印良品のそれと合致しているのかどうかがよく理解できるから不思議である。

MUJI仲間ではないが、私はこの家でそれと近しいものを発見することができた。バーミキュラの鍋である（先に申し上げておくが、メーカーはこれを無印良品で売ってほしいと意図して私に話したのではない）。

今では非常に知名度の高いブランドとなったが、まだ有名ではないころ、知人の紹介でこの鍋を知ることになった。この鍋の特殊性や生い立ち、使い勝手などについてプロから見てどうなのか、またこの鍋を使って未来を感じるレシピを考案してもらえないかという相談を受けたのである。いくつかお送りいただき、実際に使ってみた。無論、無印良品の家での検証となった。

この鍋の製造元は元来、ドビー機と呼ばれる繊維機械を製造していた歴史を持つ。よって、鍋の蓋と本体が合わさる部分が素晴らしく密閉する。それは繊維機械という、1日中動き続けつつも、ミリ単位のズレを許さない精度を要求されるなかで得られた、特殊な技術である。

鋳物製の鍋で、蓋は重い。鍋のなかは、より精度の高い気密性が保たれるため、水を使わない調理、いわゆる「無水調理」が可能となっていた。

無水調理は、素材の味を極度に引き立てる調理方法である。圧力鍋とは異なり、優しく素材に熱を伝え、素材はまるで汗をかくように旨みを表ににじみ出させる。出てくる蒸し汁からは穏やかにして明朗な旨みが感じられ、無印良品の持つフィロソフィーに合致するところが多いと思わされた。ＩＨクッキングヒーターでも使いやすく、電子の熱をアナログな熱のように変えてくれる優れたものである。

「これは良いものだなあ」と思っていた矢先、小さなことだが、ある特徴を見つけた。それは緻密に合わさる蓋と本体の部分に塗装がないため、錆《さ》びることだった。

当初からそのことは教えてもらっていたため、使用後はその擦れ合う部分にサラダオイルを塗って保管するようにしていた。しかし、非常に繊細な加工方法だったのだろう。細かな仕上げ、つまり空気と細やかに触れ合うところの凹凸が、普通の鋳物と比べて圧倒的に小さく仕上がっていて、錆びやすくなったと想像する。

この小さな発見は私自身、この鍋に寄り添って商品開発の手伝いをすることができないという動機につながったが、バーミキュラの鍋からは民藝を感じさせられた。

## 「これがいい」ではなく、「これでいい」の意味

私たちフランス料理に携わるものは、「ル・クルーゼ」というブランドの鍋やグラタン皿をよく使う。昔は無骨なカタチばかりであったが、徐々に一般家庭に出回るようになり、次第におしゃれな形状のものが増えていった。

ル・クルーゼは無水調理ができるほど緻密ではなく、この点については圧倒的にバーミキュラに軍配が上がる。ただ我々がル・クルーゼを気に入って使っていたのは、強い、熱の伝わり方が良い、手間いらず、という点に尽きていた。忙しい店のなかの作業では速度を要求され、鍋の扱いは丁寧ではない。それが錆びるなど考えもせず（実際錆びるのだが）荒っぽく使える、プロが認める調理鍋がル・クルーゼだ。

バーミキュラの弱点は私にとって、無印良品でできあがってくるものと、着眼点に大きな差を感じさせた。明らかにバーミキュラは民藝に通じるところがあったのだが、強みであるはずの精度が弱点でもあるという矛盾に、私はつらさをおぼえた。ル・クルーゼなら気にならない錆びも、バーミキュラなら気になる。長く使っていくうえでそぎ落とさなければならない弱点が、決して消してはならない職人気質の象徴だということに、なかなか

納得できなかったのだ。

といっても、無印良品の調理具や皿などに何の欠点もないわけではない。どちらかというと多いかもしれない。たとえば、同じ大きさのものを2つ重ねると、しっかりくっついてしまって離れがたいボールや、スタッキング（重ね合わせること）できない食器など、改悪のように思える改良が行われることもあった。

しかし、機能と使い勝手においては、荒っぽさに耐えるという美点があった。**「大勢に影響がない部分はスルー」という、力の抜き方を熟知しているところも、コンセプトやフィロソフィー**なのである。

素晴らしいものは数多い。「1対1」の向き合い方で、素晴らしいことが消費者に発見され、深められるバーミキュラ（当然その顧客層を狙ったものであり、結果的に大成功事業）と、「1対大勢」でまあまあ気に入られる、手間なく使える無印良品の商品。その資質の差こそが、民藝の持つ〝用の美〟につながるか否かの分岐点だった。そのことが、この家に住んでみたがゆえに、実感としてよくわかったのである。

以前、無印の役員の方から聞いたあの言葉――「今どき、まずい料理を出す飲食店なんかないよね。どこもおいしいに決まっている。そのなかで、どうすれば無印良品の食ということをわかってもらえるのか、です」。
そう、「『これがいい』ではなく『これでいい』もの」が、無印良品だった。日常使いができるものを中心に展開しているにもかかわらず、〝良いもの〟というイメージもあり、日常感と非日常感のバランスが絶妙。その点で、競合他社とは一線を画しているのである。

**新しいステーショナリー・家具・衣服**
**などが必要になる歳**

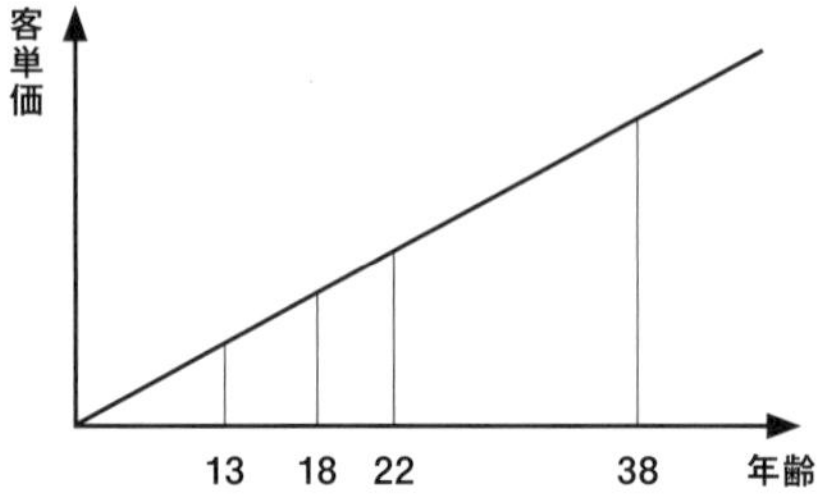


「これでいい」
・人生の節目の歳に合うものを提供
・人の幸せの形に「八分目」を見ている
（※表と分析は筆者による）

無印の目指す「これでいい」について、私は次のように解釈することとなった。
中学に上がったときのステーショナリー、進学や就職の際に必要になる家具・衣服、子育てが一段落したときにちょうどいいコスメ……といったように、人生の節目の歳に必要なものが、無印には用意されている。人はそういうとき、「これでいい」と思うなかにも〝ちょっと良いもの〟を求めたくなるものだ。

そこに合致するものを提供できているのは、人の幸せの形について「八分目」を見ているからではないか。そんな風に読み解いていくことで、商品のペルソナが見え、次の〝便利〟が見通しやすくもなるのである。

## 〝味覚成長〟を見すえた戦略

「商品を見直しました」

これは小売商品にとって生命線ともいえる「改良」のキャッチフレーズだ。たいてい、この言葉が出ると値上げのカモフラージュとなる場合が多い。世界情勢が変わり、モノの値段が徐々に高くなる環境下では値上げは避けられない。

そういう場合、原価を抑えるための努力が必要となる。売上好調だからと、商品の中身はそのままで値上げをすればウハウハ儲かる、などということはない。値上げは概してなんらかのダメージを与える。

当時、良品計画の食品部長は「プッチンプリンでも当初から数えて30回以上マイナーチェンジしている。売れるものは常に進化させないといけない」とよく口にしていた。そのように他社製品の良いところを見倣い、レトルトカレーのなかでもバターチキンの改良強化に力が入れられていった。

商品改良というと、次のような手順が一般的だ。

**〈現状課題の抽出〉**

- **口コミを拾い上げ、良いところ、悪いところを明確にリスト化**
- **販売後の売上変動をグラフ化し、月内動向、季節性を点検**
- **現行価格の満足度をＰＳＭ分析で再点検（詳細は６章にて）**
- **コンセプトから逸脱していないかどうかを点検**
- **時流に合う形状やパッケージデザインかどうかの検証**

これらを総合的に俯瞰して、今回取り組むべきかどうかの優先順位を決め、そこに着手することになる。なかでも、いったん売上好調となっている商品の見直しは難しく、非常に神経を使う。点検を行いすぎて不要な修正を行った結果、改良ならぬ改悪になり、売上を落としてしまうケースも少なくないからだ。

特に味については、顧客が見た目ではわからない、買ってからの結果であるため、期待はずれだった場合のショックは大きい。開発側としては、顧客が「金返せ！」と言いたくなる食べ物の仲間入りはゴメンだ。

「すべてつくり替える気持ち」で臨んだバターチキンカレーの味づくりのあと、私は改良に4回ほど携わった。計5回の取り組みのうち、2回目の改良作業における着目点は「濃厚さ」だった。

まずは「日本の米に合う、本物のバターチキンカレー」という小さな歩み出しからスタートしたが、そこには、次の改良を見すえた思惑があった。言い換えれば、「**爪を伸ばしすぎない開発**」を心がけた。具体的にいえば、盛りだくさんのアピールポイントを一度で出し切らないことが肝要だと思っていたのである。

少しズルい考え方かもしれないが、顧客の飽きを防ぐための方策のひとつともいえる。ここで、この「飽き」について、経験で得た大変重要なことをお伝えしたいと思う。

## 「次に買ってくれるまで、客は20％味覚成長している」

〝味覚成長〟とは私なりの言い回しで、**消費者がおいしいと感じる味のレベルが徐々に高くなる**ことを指す。

その根拠は、こうだ。外食として、ある料理を100人に食べてもらう。そして1年後、同じ人々に同じ料理（レシピ、材料、盛付の変更なし）をもう一度食べてもらうと、20人が「味が落ちた」あるいは「前の方がよかった」と言ったのである。

この経験から「今来られているお客様の味覚レベルは、次の来店時までに20％ほどアップしている」という考えを持つようになった。つまり、同じことを次の年も同じように行っていると、5年後には客がゼロになるという結果を引き起こしかねないのだ。

これは小売でも同じである。レトルトも然り。食品は常に成長し続けなければ未来がないのだ。いわゆる**LTV（ライフタイムバリュー：顧客生涯価値）**の話と関係してくる。顧客の2回目以降の購入から得られる利益も考えなくてはならない、ということだ。

そういう視点があるため、最初からモリモリ盛りだくさんに好条件を商品に詰めこんでしまうと、先々成長を見込めなくなると踏んだうえで、次は「濃厚さ」と決めていたのだ。

## 味の深化につきまとう原価調整の課題

2回目の味づくりでは、その気持ちを持って、インドに再び飛んだ。

今回の私の着目点はカースト制度である。現代のヒンドゥー教では、差別行為につながるカースト制度は禁じられているが、人々のなかにその格差社会構造は今でもしっかり残っている。こういうヒエラルキーが料理に大きな違いを生むのは当然で、事実、世界中いろいろなレストランを回ると、顧客層の違いは料理の濃厚さに表れていることに気づく。前章でも触れたが、味の深みや複雑さが違うのだ。カースト制度がもたらす「濃厚較差」は、必ずあると踏んでいた。

明確な目的を持ってきたインドの旅は、いつも以上にヤル気満タンである。レストラン選びの際、コーディネーターにそれとなく、「高級」「上質」「大衆的」を意識した店選びをお願いした。きっとそのなかに、無印良品の顧客層と重なるところがあると思ったのだ。

そして数軒目、ようやくその店に出会えた。見てすぐにそれとわかる客層の違い。裕福でなんとなくゆとりがあって、食事も楽し気である。そして、いつものようにいろいろな料理を食べればどれもおいしく、間違いのない味だ。

ところが、1回目に引き続き今回も同行してもらったレトルト食品メーカー、にしき食品の〝インド大好き開発チーム〟は、浮かない顔をしていた。彼らはインド人のバイタリティーを感じられるアグレッシブな場所にある食堂では目がギラギラしているのだが、こういう少し贅沢な店にはあまり興味がない。

彼らが小声で放つ料理の感想に、神経を集中させて耳を傾けてみると、「おいしいけどインドっぽくない」「特徴が弱い」「なんとなく濃すぎる」といったネガティブな内容が続いた。それを聞いて私は内心、「よっしゃ、やったで！」と膝を叩いた。古い表現かもしれないが、まさにそのような心境だった。

〝インド大好きチーム〟のテンションが上がらないのは、言うなれば、普通に日本にあるインド料理屋と同レベルで、驚きがなかったことの現れだ。私にとっては、彼らの反応そのものに「バターチキンカレーの濃厚さの表現方法」を発見することができたのである。

視点に確信が持てたので、視察の旅の中盤あたりに、私は無印の食品部のMD担当に味づくりの方針を伝えた。原価が上がりそうな提案であったため、若干渋っていたが、それでいきましょう、ということになった。残る旅程で私がやるべきことは、テンションの上がらない人々をどうやって鼓舞するか、だけであった。嫌なことも取り組みたくなるように仕向ける心理作戦も大事な仕事である。

帰国後ほどなくして、それは試作品として手元に届いた。さすが、良い完成度となっていたが、材料の配合表を見て「これは……」と不安がよぎる。お察しの通り、「濃厚さ」の達成のために原価を押し上げる素材が目立っていたのである。

さて、これをどう修正していくか――。

味づくりで「濃厚」を表現する手法には、「油脂を増す」「煮詰めて濃度を高める」など様々あるが、それらはどれも結果として原価が高くなることは間違いない。今回、試作品として上がってきた配合表には、生クリーム、塩分、油脂分の増加が目立っていた。当然の結果である。

こういう贅沢材料が並ぶときには〝無印良品的引き算〟が対処のカギとなる。

このとき発想したのは次のことだった。

（a）1パック200gを180gに分量を減らす

（b）生クリームかバターのどちらかを減らし、原価をセーブする

「いやいや、これら安直な引き算ではお客を満足させることができない。もっと他にしっかりとした方法が必要だ……」

ひとりごとが増える時間である。

一瞬悩んだが、こういう贅沢材料が並ぶときの対処を違った角度から考え、引き算をと、思考を柔らかくしてみた。

「まず、原価の高い生クリーム、バター共々減らす。にしき食品は、質の良い生クリームやバターを使用している……安価な材料に変えてもらう方法もあるが、味が変わってしまう。今までリピートしているお客を裏切ることになるので、それは避けたい。やはり、贅沢は敵だと、高い材料を減らすことにしよう」

「しかし、そうすると、自動的に減った部分には水を加えることになり、味がぼんやりとするのは間違いない……」

そのとき、ふと、懐かしい故郷の洋食屋で気に入っていたマカロニグラタンのおいしさを思い出した。

「お、そや！　その方法がある！」

私は、カレーソースを少しだけ長く口のなかに滞留する方法を選ぶことにした。

グラタンは温度が高く、また、ソースをつなぐ小麦粉に温度の高さを助長する働きがある。温度を高く感じさせる効果と、舌に貼りつく〝のど越しの悪さ〟という要素をバターチキンカレーに備えさせて、原価対応をしようと考えた。

このような働きのあるデンプンと甘み、そして塩味を加えてもらうレシピに変更して、打診した。

1カ月してやってきた試作品は、引き算とその対処方法が確実に反映されたものだった。お見事。「満足」のひとことである。

それからしばらく経ち、期日となって店頭に並び始めた。購入されたお客様の反応も上々。売上は益々好調である。

しかし、売れれば売れるほど、熱い戦いは続く。

飽きられず、より良い未来づくりのためにと、改良への取り組みは数年間続いた。

## 原点回帰＝先祖返りではない

私がバターチキンカレーに関して携わった取り組みは次の5度である（非公開の改良も含むため、公称の何代目という数値とは重ならない）。

①日本のご飯に合うバターチキンカレー
②濃厚なバターチキンカレー
③香りを本格化させたバターチキンカレー
④使用する油脂にギーを加えてさらにインドに近づいたバターチキンカレー
そして非常に高い評価を得ることになった、
⑤贅肉がついた部分をそぎ落としてスッキリさせたバターチキンカレー

③はスパイスに変化が、④ではギーにより新たな濃厚さが加わった。
⑤では旨味のバランスが変わっているのだが、この劇的な段階でパートナーとなっていた食品部の女性は、本当に売れるポイントを見つけることができる眼を持っていたことを

よく覚えている。それまでの課題をうまく洗い出して、そぎ落とすことに着目したのだ。いうなれば無駄肉のない〝マッスル〟な商品であり、そこは彼女の着想にもとづく。彼女は今では西荻窪で人気のレモンケーキ屋の主なのだが、私のコントロールもうまかった。⑤の段階で世のなかの流れや商品の隆盛を直感的に感じていた人がいたことは、ラッキーのひとことだ。

これら①から⑤を見るとわかるのだが、商品の改良や改善は、

**原点回帰→イノベーション→原点回帰**

という風に、新しい切り口を見出して徐々に付加させ続けた後、不要なものを削り取っていくと、プロポーションの良い商品が完成すると結果的に感じている。

ここで間違ってはいけないのは、**「原点回帰」は「先祖返り」ではない**ということだ。私は、昔売れていたレシピをそのまま「懐かしの味、復刻」と称して販売することを好まない。理由は、単なる「一瞬の数字稼ぎ」に見えるからであり、事実そういう狙いで短期的な好売上高を狙うところは多い。

だが、先述のように**お客様はどんどん味覚成長しているため、古い時代のメニューを復刻したところで、ノスタルジーさはあったとしても、その味に決して納得はしない。**必ず、

今の時代に沿った改良を施してカスタマイズしなければならない。

売れているものをさらに売れる商品にするには、進化し続けたものから不要な部分を丁寧に削り取って、カタチを調えてゆくことに集中しよう。そこには、新しい味や技術を付け加えることは必然であるが、加えた分だけスリムにバランスが良くなるように、最後は「引き算」をしてまとめれば、結果は必ずついてくる。

4章

# 神田カレーグランプリの勝利

## カレー店立ち上げ参画の機会がやってきた

良品計画以外でも私は様々な事業のお世話をさせてもらい、メニューづくりの幅が広がっていった。

なかでもヒットしたのが「トマトお好み焼き」だ。ちゃばな（京都）というお好み焼き屋さんの大阪進出にあたって、「京ちゃばな」で提供されたものだ。今ではいろいろなお好み焼き屋でつくられる人気メニューだが、その元祖ともいえる。

この料理はウスターソースがトマトをベースにつくられていることに着想を得て、サルサ・ポモドーロ（イタリアのトマトソース）を大阪風にアレンジし、お好み焼きソースに仕立てたのが特徴だ。熱々の鉄板で完熟の生トマトを焼き、バジルと白ワイン、バターとオリーブオイル、それにお好み焼きソースを混ぜた風味豊かなソースが、女性に大人気となった。

この成功がきっかけで、「うちの店でも面白いものを」と、大阪府吹田市のサンパークという外食事業会社から声がかかった。今から20年も前のことである。

同社は国内外に１２０店以上展開する（２０２４年12月時点／ＦＣ加盟店含む）グロー

バル企業で、社長の高木健氏は私と同じ年。キャッチフレーズが「右手にソロバン、左手にロマン」という彼は、貪欲かつ果敢に、常に新しい業種業態にチャレンジしてきた。オリジナル業態では、高木珈琲、串からっと（串揚げ）、感激たぬき（お好み焼き）、高木うどん、belle-ville pancakecafe、we♡donut（生ドーナツ）などがある。

その社長と私の間で、昔から合言葉のようにやってみたいと言っていた業種があった。それがカレー専門店だ。私が無印良品のカレー開発に関与していたこともあり、「先生、そろそろカレーやりませんか？」「そのうち……」というのが、慣例になっていた。

私がすぐ「やりましょう」と言わなかったのには、理由がある。それは、総合事業として取り組んでほしいと思っていたからだ。総合事業とは、次のようなことを指す。

**〈カレー総合事業〉**

**柱１　重要拠点をつくる**

**柱２　物販併用可能商品がある**

**柱３　海外展開（ＦＣまたはライセンス展開）を達成する**

これらの柱をセットとして展開する計画である。具体的に説明しよう。

**1 重要拠点**

第一号店の場所は、どうしてもカレー激戦区がよかった。なぜ、あえてレッドオーシャンに?と思われるかもしれないが、近隣に競争相手が多いことは非常に大切だ。というのも、カレー好きが集まるエリアはニュース性があり、マスコミの露出も多い。ここを老舗化し、未来への足がかりにすることを考えた。

**2 物販併用可能商品**

これは、店のカレーと同じくらいおいしいと言われるレトルトを、実店舗でつくることを意味する。堂々とした物販商品が生まれれば、店舗以外での販売も強化される。

**3 海外展開**

いずれ「日本の伝統洋食ブーム」が海外で到来すると予期し、カレーを軸にした洋食店舗を海外で展開する。

これらを総合的に一元管理しながら、ブランド化を推し進めていく。どこかが凹んでもリカバーできる「**負けない事業構造**」だ。

こういう場合、いろいろなチャンスが重なり合うタイミングが最も大切となる。

私から〝待て〟がかかった状態だったある日、「おもしろい物件が出た」という報告が定例会議で出てきた。「場所はどのあたりですか？」と訊ねると、「神保町（東京）です。エチオピアの2軒隣の1階です」というではないか。

うー、しびれる！　待ちに待った物件の到来だ。

エチオピアはカレーのメッカ「神保町」にあって、不動の名店。列が途切れない。周囲には他にもカレーの名店が多く、申し分ない立地だ。少々賃料は高いが、私は「やりましょう！」と声を高めた。無論、高木社長もヤル気満々だ。

細かいことを言えば、その物件は理想の客席数には足りておらず、黒字に至るまでに時間を要すると感じた。しかし、ようやく訪れた柱1の機会。ついに2017年、名店たちの胸を借りる、カレー事業の幕が切って落とされた。

店名は「MAJI CURRY（マジカレー）」と決まった。ちなみにMAJIは、候補だった「Magic」の商標が登録済だったことや、私と高木社長の名前を合わせて「しんけん」（真剣）に、「〝マジ〟でやろう」と掛けたのが由来である（店名は以下「ＭＡＪＩカレー」と記す）。

## ここでカレーの話を少し掘り下げる

カレーには様々な種類があるが、大きくは2つのジャンルに分けられる。

**①日本のご飯にかけて食べるカレー**（いわゆるカレーライス）

**②その他のカレー**（スパイスカレーもここに入る）

この2種は「日本のカレーライス」と「東南アジアのカレー」とも言い換えられるが、実際はそれほど単純でもない。

日本のご飯は水分が多く、もっちりした食感が特徴。ここにかけるカレーは、ご飯と絡めて完成する味を求められる。一方、東南アジアのカレーはインディカ種の米、あるいはパンなどと一緒に食べるもので、さらっとした状態が基本と思ってよい。

スパイスカレーは、店舗経営において独特の動きをする（顧客が店ではなく、つくり手やオーナーに付いていく面があり、店は立地を選ばない)。その点、大阪育ちのスリランカ風スパイスカレーも同様で、②に分類される。

さらに考察を深めると、①日本のご飯にかけて食べるカレーは、関東味と関西味に分けることができる。著名な料理研究家でデザイナーの「お手伝いハルコ」こと後藤晴彦氏(故人)と意見交換をしたとき、次のような区分けで合意した。

**A 関東味のカレーライス……塩味で仕上がるカレー(やや濃度低し)**
**B 関西味のカレーライス……甘味で仕上がるカレー(やや濃度高し)**

MAJIカレーは、ご飯にかけて食べる関西味のカレーライス(①のB)を選択した。関西味のカレーライスのうち、私の主観としてのナンバーワンは、1947年創業の老舗チェーン「インデアンカレー」だ。男性が多く行き交う場所にしか出店しない。大阪・梅田の三番街にある店舗は毎日大入りで、20席程度のカウンターのみの店舗ながら、1カ月で推定2000万円も売り上げる化け物店舗だ。

インデアンは、カレーの理想的な事業モデルとして私の目に映っている。次の数値は推定だが、喫食時間(オーダーから食べ終わるまでの時間)は短く、ひとり10分程度。1時間6回転が可能だ。客単価を900円としたら、1時間あたりの売上は20席×6×900円＝10万8000円。昼のたった2時間で、20万円以上も売り上げる計算だ。これだけで月600万円を賄える。

ここのカレーの味は、甘い。そして次に辛い。辛いのを抑えるために水を飲むと、一気にその辛さは消えてなくなり、また食べる。でもすぐに辛くなるので、勢いが増して、あっという間に平らげてしまうという、麻薬的カレー。

ご飯はそれだけで食べると何の変哲もなく、どちらかというとパサついていて決しておいしくない。ところが、いったんカレーと混ざれば一気に魔力を持ちはじめ、独特な香りを放つ。付け合わせのキャベツのピクルスや、トッピングの卵黄も無駄なくメニューが整い、完璧な備えである。

私は幾度となく、このカレーのコピーを試みたが、すべて失敗した。80点までは到達するが、あと20点足りない。結局、真似をすることをやめた。

それより、これを男性系とするならば、女性系のインデアンカレーをつくりたいと思い始めた。その完成形がMAJIカレーである。

## 目指すは熟成ではなく「鮮度」のあるカレー

辛くて甘くて後味が続く男性系に対し、辛さがほどほどで甘く、とんかつなどのトッピング副菜と合うカレーを女性系と位置づけ、さらに、それらを取りまとめるカレーソースの定義も決めていた。それは、「**鮮度のある出来立てカレー**」だ。

とりわけ日本人は、熟成とか継ぎ足しという言葉が大好きである。「20種類ものスパイスを煎りつけては寝かすこと1年。さらに10種類の野菜と牛肉でだしを取り、煮込むこと3昼夜……」といったキャッチフレーズは、カレーの定番だ。おいしさを20や3といった数字で表す簡単な手法ということもあり、好まれてきた。

では、私がＭＡＪＩカレーに投下した「熟成」とは真逆の「鮮度のある出来立てカレー」とは何か。

まずはスパイスの鮮度。インドや東南アジアでカレーを学ぶと、ハーブやスパイスの鮮度の良さに気づく。無論、フレッシュハーブを除いたスパイスの多くは乾燥させたもので、生のような鮮度とは言えない。それでも、日本で一般的に売られているものとは比べものにならないほど、新しい。

いい意味で殺菌処理をされていないため、香りも良く、同じスパイスでもインドと日本ではまったく違う様相を呈する場合がある。

例えばカルダモン。日本ではカメムシのような香りが立って好まれない場合も多いが、インドでは柑橘の香りを伴い、臭み消しではなく個性づけとして多用されている。そのことからもわかる通り、使いやすいスパイスだ。緑色が強く、ついさっきまで生でした、と言っているかのよう。「なるほど、スパイスも新しいと、こうも香りが良いのだ」と頭に焼きついていた。

次に、カレーのルーについて。ルーとは油脂で小麦粉を炒めたもので、トロミとコクを出すもの。市販のものは、そこにカレースパイスと旨味エキスを混ぜたものでできている。

ＭＡＪＩカレーでは、小麦色のルーを毎日手づくりしてもらうことにした。**ルーは小麦粉臭さが残らないように時間をかけてきちんとつくると、とてもあざやかにして深みのある味がソース全体に付与される。**これを活かしたかった。

日本のカレーは、油脂で焙煎された小麦と一体になった濃い茶色のルーを使うのが一般的だが、そこには前提として「熟成」がある。今回は目標が熟成ではないので、手づくりにした。

そして煮込み時間。多くの人が誤解している点だが、長ければ良いというものではないのだ。適当に炒めたルーでつくったカレーは、長く時間をかけないとその粉臭さが抜けないが、おいしいラードと牛脂を使って丁寧につくられた小麦色のルーは、短時間の煮込みでその役割を果たすというものだ。


これらのエッセンスを混在させてできあがったものは、サラリとしているが濃度もある。長時間煮込まずに素材それぞれの味を立たせると、皿のなかでサッと揃う瞬間があり、それは、この丁寧につくられたルーによって維持されるのだ。

どれかひとつが突出した味ではない。そのため、ご飯と合うことはもちろん、おいしい油脂で揚げたとんかつやエビフライ、ハンバーグやチーズといった副菜（トッピング）の味を損なわないという特性も持つ。なにげないカレーソースなのだが、それがひとり歩きするインデアンとは異なり、陰になり日向になりの「女房役」に徹した味なのだ。

これを「鮮度のある出来立てカレー」と表現している。

果たして、調理担当者たちの努力もあり、完成した。思いどおりの味である。

しかし当然、これがすぐに人気になるとは思っていない。

激戦区に飛び込んだにしては健闘していたが、近隣にそびえたつ名店たちからお客を奪い取るなど、至難の業であることは一同気づいていた。そして、無策では時間がもったいないことも皆、知っている。

そこで掲げたのが、名声への時短テクニック「神田カレーグランプリ」への挑戦だ。

## グランプリを取るための秘策

神田カレーグランプリはその界隈で有名な催しで、いわば名店への登竜門だ。

この大会は400以上のカレー店が集まるカレーの街、東京・神田～神保町で開催される日本最大級のカレーの祭典だ。予選のファン投票でエントリーできた精鋭20店舗が、小川広場（当時）に集結して腕と売上を競う。判定は来場者の投票によって決まる。

その昔は、組織ぐるみの投票などがあって問題となったらしいが、そのころ（2018

年）は厳重な管理で厳正な投票が行われている。

ＭＡＪＩカレーがカレーグランプリに挑戦――実は、これは開業1年では難しいことだった。というのも、最初のエントリーでは、お客の数や支持がカギとなるからだ。新参者としては、ある程度、日常の来店客を集める必要があった。

その対策として、スタッフたちが店の前で声を張り上げて認知度を高めたり、店前の看板をより〝通好み〟に変えるなど工夫し、急速に成果を上げていった。結果、何とかスタート地点に立つことができた。


そして次の本戦では、いかに「おいしい」と感じてもらえるカレーを提供できるかが課題となるのだが、いつもお越しになるお客ばかりが会場に来るわけではない。

こういうイベントは、さほどカレーに興味がない人も来る。店舗の客層と比べたら、女性も多いし、子供も少なくない。また、20店舗すべてのカレーを食べられるわけもないので、とある一定の条件を備えなければ勝てないということが、この大会を研究した結果わかった。それは次の要件である。

〈神田カレーグランプリで勝つためのポイント〉

**・完成度の高いものを早く提供できるオペレーション能力**

おいしいものを早く数多く出すことで、投票動機を高め、かつ投票数を増やす

**・女性好み&子供好みの要素を持つ**

辛いカレーは避け、SNSに上げやすいものがよい

**・表に掲げる看板のキャッチコピーをわかりやすくする**

商品と店の名前がわかりやすいと、遠くからでも見える

ポイントはあともうひとつあるが、それは伏せておきたい。メニューは店舗で人気のあった「チーズハンバーグトッピングのカレーライス」。子供も大好きなハンバーグがドンと乗って、しっかりと糸を引くチーズは女子ウケ間違いない。関係スタッフは分業して、ひとつひとつ確実につくっていった。

大切なのは「出来立て感」だ。近くに店舗があったので、常にハンバーグは焼き立てを運ぶようにした。

看板は、メインビジュアルに、チーズの糸がたっぷりと見えるハンバーグカレーを据え、

店名「ＭＡＪＩカレー」は、理解してもらいやすいようカタカナ表記で勝負だ。

## ついにその日がやってきた

２０１８年11月3日。いよいよ大会の初日を迎える。

前日よりスタッフ総出で準備に追われていた。私も仕込みに参加したいと思ったが、「先生は当日最後の味決めを」と丁寧に追い返された。正直、ここで能書きを言われたらジャマだったのだろう。まあ、若い連中に任すとしよう。

問題は、**現場で一定以上のクオリティーが維持されなければ勝てない**ということだ。常時、満点の１００点は無理でも、お客とピントの合う瞬間を80点以上で保てているか。それを確認する必要がある。

当日朝、私はカレーの点検に出かけた。ソワソワして早く起き、仕上がったカレーソースを口にした。若干塩を足したが、ほぼ申し分のない仕上がりである。

「おいしい。大丈夫や！　あとは温度を気にしなさい」と伝えてその場を後にした。

ここで初めて関係者に「カレーで重要な温度」のことに触れた。これは頭に残しておいてほしかったポイントだったからだ。


**熱々のカレーは売れない。**

**冷めたカレーも売れない。**

**適温のカレーだけが売れる。**


この見解は、みずから心に刻んだセオリーである。

カレーはどこでも食べられるが、口に入れてハフハフしながら食べるものではない。どちらかというと「かき込む」ようにムシャムシャ食べる料理だ。そのためには、すぐに喉を通しつつも温かいと感じられる温度が必要である。

焦げない程度の加熱を保つ温度がマックス値で、ご飯の上に注ぐ際は75℃より低い。(カレーの保温器設定では83~85℃とするが、現実は80℃以下)。ラーメンの熱々が85℃。多くのラーメン屋では78℃だから、カレーはそれより低いことがわかる。

そしてご飯。炊飯ジャーでは60℃設定だが、そんな高い温度は見たことがない。50~55℃

がやっとである。ネット上では、ご飯は60℃、カレーは85℃が一番おいしいという記事を多く見かけるが、実はそれは相当な好条件においてであって、実際の現場では違う。

インデアンに関して「男性の通行量が多いところに出店」という旨を書いたが、これがポイントになっている。あくまでも独自の見解だが、男性は比較的猫舌が多い。というか、熱いことを我慢することができない人種であるため（諸説あり）、熱い料理がきたら自分なりに冷ます。それも、そこそこ低い温度に冷ますものだ。


神田カレーグランプリは、露天で行われる。11月初旬は肌寒い日も多い。その日もそぞろ寒い日だった。このような屋外で食品を提供すると一気に冷める。しかも1杯の量は少ないため（ご飯120gほど）、温度低下も速い。私はこんな指令を出した。

「空調の利いた店とは異なる環境のため、担当スタッフはいつもコントロールしている温度よりやや高め設定で、ギリギリの調整をせよ」

もちろん責任者も理解していたが、念押しだ。これらの条件を備えて、いざ出陣である。

スタートすると来店数が気になって仕方ない。何より、提供されるカレーの完成度がカギである。

店舗で調理したものを会場へ運ぶ。これが繰り返されるが、冷めないようにと煮すぎると焦げついてしまう。また、品切れにならないよう店舗で多めに準備しておくが、事前につくりすぎると提供時においしさのピークが過ぎてしまう。このあたりの加減が難しい。

私は初日の朝、密かに会場に行き（すぐにバレるのだが）、お金を払って食べてみた。

不合格だ。

温度がいけない。ハンバーグ、カレーソース、ご飯、チーズともきちんと揃った味をしているのに温度が高くない。近くで食べていた女子のグループにも「マジのカレー、マジ冷たい」とギャグまで飛ばされている！　ヤバい！

すぐに厨房スタッフのところに言って、「温度を上げろ」と言っても、大混乱のさなか。対応には時間がかかりそうだ。

ここは待っていられない。責任者に厳しく「とにかく温度を上げろ」と噛みついた。と同時に、店舗に戻って「現場にパーツを持ち込むとき、現場スタッフたちにとにかく温度に注意せよと、伝えなさい」と厳しい口調でいった。

今のままでは負けてしまう――。

次の日、最終日である。お昼前に現場で食べてみた。うむうむ、温度は昨日より格段に良くなっている。これなら、焼き立てハンバーグもトロリチーズも、カレーの喉越しも問題ないはず、と少し安心できた。

その足で投票ボックスの前に行った。20店舗分のボックスが並び、気に入ったところに用紙を入れる仕組みだ。私は1時間ほど、MAJIカレーにどれだけ票が入るか見つめた。

まあまあ投票されているが、他のところにも次々と入っている。

どうかなあ……。

夕刻になり、いよいよ結果発表セレモニーである。私はその場にいられず、ご飯を食べながら報告を待つことにした。ビールも飲んでいたが、味はよくわからない。

メールが入った。

「優勝しました!」

こんな嬉しいことはなかったが、何よりホッとしたのが正直なところだ。「甲子園の優勝監督記者会見で、ホッとしたと監督さんが言っているが、ホントにそうやなあ」とポツリとつぶやいた。柱2と3を得るため、どうしても欲しかった〝勲章〟というパーツだった。

ＭＡＪＩカレーは、２０２２年、もう一度力試ししようと挑戦し、Ｖ２を獲得した。同じカレーで、同じ戦い方で、である。

レトルト商品として完成したものは量販店で売られ、「誰が食べてもおいしいと言ってくれる自慢の品」と、髙木社長も言ってくれるようになった。こうして柱２も備わった。

そしてＭＡＪＩカレーは海外フランチャイズ事業もスタートさせ、柱３が揃った。アジアやアメリカに順次拡大中である。

神田カレーグランプリは、食においてひとつの目標達成を成しえるために、「ひとりでは無理なこと」「世界が認めるきっかけを掴むことの大事さ」「おいしい要素をひとつも外してはならないこと」を学ばせてくれた。関係者一同、これからも精進して常にチャレンジしてゆかねばならない。

レトルトの「マジカレー」“こだわりのとろとろビーフカレー”

# 5章

# 「地方」「土着」にひそむ、食ビジネスのチャンス

## 地方創生と食――こんなにおもしろくて難しいネタはない

私は株式会社良品計画（無印良品）の仕事に多く携わらせてもらったが、なかでも興味深かった取り組みに「諸国良品」がある。これは地域に根づく、未来に残すべき衣食住の文化を発見し、無印良品としての視点で伝えるというものだ。無印良品のネット販売を通じて「売上」の形で貢献する狙いもある。

無印良品のフィロソフィーを持って地域を巡ると、おもしろいほど良いものがあることに気づかされた。どこもかしこも、田舎は価値あるものであふれかえっている。

だが、それらの価値は、生まれたその土地を出た瞬間に輝きが失せる。たとえば北海道の寒干しラーメン。そうめんのように細く延ばされたラーメンの生地を、冬の北海道の空気で乾燥させたもので、保存性に優れ、湯戻りもよい。おいしさは格別だ。

これを製造する江別市の会社の担当者は、私が訪問した際、「北海道で食べるからおいしい」と力説されていたが、今ではその意味がよくわかる。**食と環境は表裏一体**なのだ（詳細は後述する）。

そういった背景もあり、地方の食にずいぶんと興味を持っていたとき、高知県庁から「農業従事者のモノづくり」を支援する仕事が入った。私はそこから一気に「地方活性と食」に関する時間を費やし、知識と経験を深めていくこととなった。

「地方は食の宝庫」だ。とても簡単すぎるがそう信じてよい。しかも、ここには「伝統」という、長く受け継がれてきた調理技法がともなっている。今、日本料理が世界遺産だと胸を張れるのは、地方で生き続けた郷土料理の技術のおかげである。なにも優秀な料理人の独創性だけが際立ってできあがっているのではない。

「地方創生」という言葉が声高に使われはじめて久しいが、現実を直視すると、やや的を外しているというのが正直な見解だ。日本はそもそも「創生」された地方の集合だったものを、国と大型民間事業の決定機関（施設）を東京に集中させた結果、都市部と都市部以外に分けられた。較差が広がるのは当たり前である。

これを防ぐために、新幹線や飛行機といった超便利な移動手段ができたが、〝地方都市〟なる曖昧な人口密集地を生み出したにすぎず、途中にある小さな町は辺鄙なままだ。

私が敬愛する「田舎まるごと販売研究家」の松崎了三氏が話してくれたことのなかに、「田舎でトンネルバイパスができて過疎を免れた、あるいは活性した町や村はひとつもない」というものがあり、今でも耳に残っている。

当時は「便利になって、なぜ活性化しないのか?」と疑問に思ったが、六次産業化に関する商品開発に携わって10年を超えてくると、松崎氏の言っていることがわかるようになった。地方に住む人の多くは、都市部に住む人以上に、その土地に愛着があるのだ（ここでいう「都市部に住む人」には、昔から都市部に住んでいる方は含まない）。

地方に住まう人々は異口同音に「うちは田舎だから先がない」とか「うちみたいな山の村には何もない」と話すが、その裏には、地方で生きることを誇りに思い、堂々と胸を張る姿がある。地方には大きな自然があり、空気も美しい。車の渋滞が100メートルも続けば村のニュースになるほど交通量が少なく、それが良いのである。

食で地方活性をと謳う企業が増え、それなりに効果を生み出しているが、地元民は表向き笑顔でも実は歓迎していない、という事例は多い。「どうせここで生み出したお金は都会の会社に持っていかれる」と頭に描いているからだろう。

**大切なのは、創生ではなく「地方の姿を守る」こと、言い換えれば「地方維持」**なのだ。地方における食の事業は、そこに課題があり、そして発展のカギがある。

では、「食の宝庫」はどうやって維持・管理され、発展を遂げることができるのか。

**方法1** 地方は、その土地が持つ食文化の特性を、現代的な見え方（加工品や素材として）、あるいは現代的な使い勝手にして、情報豊かに大消費地に発信する（決して六次産業化に偏らないこと）

**方法2** 後継者不在の場合はI・Uターンを募ってでも、その食文化を守る。絶滅しそうな原種や生産物がある場合は、たとえひとつだけの生産者となってもこれを守る

**方法3** 都市部は地方から送られて販売している食品をただ消費するのではなく、奥にある切迫したストーリーをも味わい、機会があればできる限り多く地方に足を運ぶ

**方法4** 都市部の飲食店は、すべて厨房で加工せず、下準備や加工はできる限り伝統技法を持っている地方の生産者・加工者に委ね、それを編集する調理に取り組む

**方法5** 地方行政は、優秀な料理人に、できれば永住の環境を、無理であれば定期的に往来してもらえる外食従事者雇用環境を整える

私はこの5つが、地方維持の方法だと結論づけている。もちろん、観光というカテゴリー

に食を添わせることが理想的なのは言うまでもない。そのイメージのひとつとして、グリーンツーリズム（農山漁村地域において自然、文化、人々との交流を楽しむ滞在型の余暇活動）が挙げられる。

少し話が硬くなったので、地方商品づくりの醍醐味をご紹介したい。

## 黒潮町の町長から入ったミッション

今やいろいろなメディアに取り上げられ、著名な地方事業者となっている「黒潮町缶詰製作所」。高知県の西南部、土佐湾を臨む地域に位置する黒潮町は、人口1万人あまりの過疎の町だが、サーファーに有名な入野の浜、カツオの一本釣り、素晴らしい黒糖や天日塩、クジラ観光などで知られる。コンパクトで魅力的なところだ。

しかし2012年、「南海トラフ地震による津波想定34・4メートル」という内閣府発表により、予測とはいえ、日本一高い津波が来る町として広まった。

これを受け、当時の黒潮町町長は未災で町が疲弊することを危惧し、新しい産業を興そうと3名のモノづくり得意メンバーを呼びつけた。前述の松崎了三氏、白田典子氏、そして私である。松崎氏は田舎を元気にする第一人者であり、感性豊かなデザイナーだ。白田氏は「消費者の神が宿る人」と呼ばれる、商品改善のエキスパートである。

私たち3人が町長室を訪れると、開口一番、「他でもありません、町を豊かにするものをつくってほしい。方向性は今日決めてほしい」と町長が切り出した。地方の首長は思い切りがよい印象があるが、彼もそうだった。

町の状況や地震の話を聞きこむなか、白田氏から、「缶詰良くない？　防災するんだから缶詰は町にも必要だし、いっそ黒潮町でつくっちゃえばと思うけど」と、軽くも整合性のある話が出てきた。ちょうど世間では、「缶つま」というバル風に仕立てた缶詰商品が出回りはじめ、付加価値をともなわせた缶詰＝上質な食べものという認識が、缶詰業界に浸透しつつあったころだった。

私が「いいですねぇ、缶詰。ここでしかできない防災備蓄缶詰」と大きくうなずくと、「黒潮町やからクロ缶か！　ええねぇ、それ」と、松崎氏が続く。

「やるならグルメ缶詰ですよ。若干高めの1缶90g、450円くらいの価格設定で、見た目も日本離れしたものがいいです」

「新さん、いなばの焼き鳥缶詰が100円ほどで売っちょります。いくらなんでも450円は高くないですか？」と町長。

缶詰製造が日本の産業のなかに入ってきたのは、終戦後の栄養補給に進駐軍が指示したことが始まりである。なので、単一食材の水煮やオイル漬け、あるいは、しぐれ煮など、シンプルな工程でできあがるものが多かった。

日本で製造される缶詰は、どちらかというと見た目が地味で素っ気ないのに対し、ヨーロッパの缶詰のそれはおしゃれで色気がある。オイルサーディンなどは良い例で、丁寧に詰め込まれた魚は動き出しそうな感覚さえ与えているから不思議だ。

黒潮町でつくる防災備蓄缶には、おいしいということはもちろんだが、こういう**見た目でも感じられる付加価値**がどうしても必要だと思えた。海外に出しても評価を得られるような缶詰であれば、450円も高くはない。**安売りで疲弊するのではなく、価値の高いものをつくって、地方の小さな町から情報発信を重ねるとともに、それは成長していく。**そんな姿を想像した。

## 車内反省会でひらめいた付加価値

会議は何度にもわたって行われた。そんな技術を持った人は地元にいないとか、原材料は高知県産でないとダメだなど、後ろ向きの発言が山のように積まれていったが、私たちはその意思を曲げなかった。ただ、内心では3人とも、「単なる防災グルメ缶詰でいいのだろうか…」という自問自答が続いてはいた。

そんなある日、私はふと思いついた。会議後に松崎氏に送ってもらうなか、いつものように車内反省会をしていたときのことだ。

「松崎さん、黒潮町は7大アレルゲンオフ*の防災グルメ缶をつくるべきではないでしょうか?」　*当時の特定原材料による

「ええねぇ、新さん。災害で誰も死なせないという黒潮町の防災スローガンは、命からがら生き延びた人たち、それも最も弱い子供を、この缶詰で守るということにつながる。それがホンマの防災よ!　それでいこ!」

みずからを戒める言葉として、私は「迷ったら難しい方を選べ」を信条としている。選択肢がいろいろ出たときは、そのなかから最も達成しづらいことを選ぶ。損もあるし、得

もあるが、ラクな方を選ぶと人生で何も残らない気がするという、根っからのビビり精神の表れである。ヒラメキもそれがきっかけだった。白田氏も即、この案に賛同してくれた。

・缶詰のことがわからない地方の過疎地域
・新しく大きなものをつくる資金力の不足
・日本で（当時）前例がほぼない、「アレルギー対策を完備した食品加工施設」

これだけの難点があったが、大勢の人たちが議論して落としどころを定めた商品にヒットする要素などほぼないことを、私たちはプロとして知っている。この「難しい方の選択」を無理にでも押し通さなければならない義務があった。

そして新案を伝えた次の定例会議。皆が唖然としている。

「確かに災害ではひとりも死なせないとは言ったが……」と悔いる役場の担当者。いつも前向きな意見を述べてくれる高知大学の方でさえも、遠くを見る目で宙を見た。

ここで強いのが、町長だ。政治家としてピンと来たのだろう。

「新さん、それ、いくらかかりますか？　やるなら（資金）対処など含めて、私も行動せんといかんですので、その方向で費用を調べてください」と力を込めて述べた。実質のゴーサインだ。

「よーし、やったるでぇ。売上めっちゃ小さい日本一の缶詰工場や！」

７大アレルギーをケア、それも１００％の安全に向けて払わなければならない代償は大きい。アレルゲンオフとラベルに謳いながら、アナフィラキシーショックを生じる要素のある食品が製造工程で誤って混入となったら、人命にかかわる事態である。

細心の注意が必要なため、仕入から製造、在庫管理に至るまで様々なチェックポイントを設けることになる。アレルゲンオフのために何が可で、何が不可なのかを明確にしなければならないが、それなりに食の知識を身につけてきた私にとっても、厳しい話だった。部下を現場に張りつかせて報告を聞き、改善策をひとつずつ潰していく。ＰＤＣＡの繰り返しだ。

特に困難を極めたのは「７大アレルゲン不使用にともなう品質管理」だった。巷では「７大アレルゲン不使用」と表記しつつ、裏面に「当加工場では、別ラインで特定原材料を使用しています」といった文言が入っている加工食品が少なくない。

しかし今回の缶詰の使用原料には、別ラインでという言い訳じみたことはせず、疑わしきものはそもそも入荷しないという規定を設けるため、工場をまるまる隔離したような状態で管理することになる。醤油には小麦が含まれ、魚介類の内臓にエビが入っている可能性もあり、そこそこ高価な材料を使用しなければならない。バターを使うなどご法度だ。仕入れ担当は材料を綿密に吟味し、さらに一覧表で使用の可否を点検する。材料、コスト、製造工程と、いくつものハードルが待ち受けている世界である。

## 人件費をプラスに変える、発想の転換

課題として大きかった点にもうひとつ、「詰め込み作業の人件費」があった。地方のモノづくりでは、大きな資本を投下できないという通念がある。私たちは限られた予算のなか、小さいながらも、できる限り機能的な工場をつくることに注力した。初期投資を抑えられることはメリットだが、機械に頼れる面が少ない分、人件費がかさんでくる。加えて今回は、グルメ缶の規定として「缶を開けたら、まるで盛りつけてあるようにキレイ」ということを盛りこんでいるため、手抜きができない。製造数によっては人海戦術がモノをいうが、人を多く使えば製造原価が上がることが懸念される。

地方のモノづくりには「雇用」についての矛盾が付きまとう。雇用創出は地方行政にとって大きな成果だが、事業者としては人件費を減らしたいのが本音だ。働き方改革以来、その矛盾はより大きな壁となって立ちはだかる。それを解決するためには高単価、つまり粗利を多く取る商品を数多く販売するしかない。

あれやこれやと看板商品を探した結果、「四万十うなぎを1本まるまる使用」をアピールした、うなぎのかば焼き缶詰を候補とした。90gで1缶3000円を提案したが、会議参加者全員からブーイング。しかし未来をつくるためには、粗利をしっかり確保できる2500円より下げられない。

そう主張すると、果たして、「じゃあ、それで売ってみるか」ということになった(のち8大アレルゲン不使用・税込2700円に)。

今ではその値段がマスコミの目に留まり、取材が多く舞い込むようになった。無論、缶の中に美しく詰め込まれたうなぎの切り身は、画像からも風格を醸し出す。堂々の稼ぎ頭である。

**人の手が多くかかることは、一見マイナスなようでいて、人力だからこそ付加できる価**

**値というものがある。それを特性としてうまく表現できれば、雇用創出・価値向上・売上アップの三つ巴につながっていく**というものだ。

黒潮町缶詰製作所　四万十うなぎ蒲焼き

テレビ番組「ガイアの夜明け」（テレビ東京）２０２４年5月17日の放送で、黒潮町缶詰製作所が取り上げられていた。テーマは「〝あの町〟の逆転作戦！　諦めたらいかんぜよ！」。私は番組を見て、「よくぞここまで育ってくれた…」と目頭が熱くなった。右も左もわからない人たちが、アレルギー対策という難題を乗り越えながら、防災とグルメを追求する姿に心を打たれた。

私たちはあくまでも黒子。黒潮町の黒と、黒子の黒。黒はいいものだ。次はさらなる黒い利益が重なることを期待してやまない。

## 「6次産業化」セミナーで農作物を商品化

どれだけ良い商品であっても、伝え方次第でまったく売れないものになる。逆に、適当につくったようなものでも、うまくチャンスが回ってきたら飛ぶように売れたりすることも珍しくない。地域産品となればなおさらである。やることすべてがうまくいくとは限らないのが現実だが、問題点がわかれば成功への道筋も見える。

一次産業の農林漁業者が二次産業の加工も行い、そして販売することを「六次産業化」という。農業経済学者の今村奈良臣氏が提唱した造語で、「1＋2＋3＝6」と着実に発展する足し算からヒントを得たという。

その後、足し算ではなく掛け算にして、「1×2×3＝6」という解釈に変更された。バブル経済の破綻で農協が負債問題を抱え、一次産業がゼロになると答えは0になってしまうことに憂いを感じたのが発端のようだ。確かに、一次産業者がいなくなったら、製造されるものが一切消えることになる。そうならないように一次産業従事者を守る六次産業化は、重要な地域維持の行動だと思われる。

高知県には六次産業化をうながす県庁の取り組みがある。当初は農業創造セミナーという名前だったが、のち「6次産業化セミナー」に変わった。農業を営む人たちに特化した商品開発の実技をともなった学習で、みずからが栽培する農産物を使用し、7カ月間ほどかけて新商品を1品つくりあげるというものだ。

六次産業化のミッションには、収入の増加や雇用の促進があるものの、すぐに結果を出せるはずがない。それを踏まえて、コツコツと地道な勉強を繰り返し、最後まで努力して商品をつくりあげることが大事なセミナーなのである。

高知県は東西に長く、海岸線は距離にすると713kmもある。西と東では方言が異なる。人々の気性も違っていて、西は大人しく、東は陽気な人が多い印象だ。そういう個性豊かな地域性を帯びた農家の方々が5者(グループ含む)ほど、自薦他薦交えながら選ばれ、高知市のセミナー会場で期間内に5~6回ほどかけて、商品開発のマンツーマン指導を受けながらモノづくりをする。

指導内容は多岐にわたるが、私が特に重視したのは包材(パッケージ)の面だ。というのも**特産品は、基本的なニーズの高い日用品と異なり、「まずは手に取らせること」が大切だ。その点、パッケージの重要度は高い。**また、包材に貼るシールひとつとっても、常温と冷凍とでは資材が異なる。高価な資材が必要なケースでは、売価を上げざるを得ない。そうした仕組みや、売価に見合った包材、デザインなどについて深く伝えていった。

たとえば、畑の食堂コパン「畑のディップソース」は、このセミナーの受講生として、私たちのところに勉強に来られた方が、1年かけて仕上げたものだ。「にっぽんの宝物 JAPAN大会2020~2021 調味料・乳製品部門」でグランプリを受賞している。

他にも、セミナーからできあがった六次化産品はどれも個性豊かで、特産品のしょうがやゆず、かつおなどを素材とした高知県らしいものばかりだった。

畑の食堂コパン「畑のディップソース」

こういう取り組みを数年かけて積み重ねていくと、たくさんの商品が生まれるのだが、それらの多くは地元の直売所や道の駅で売られるだけで、日の目を浴びることがなかった。そのことをずいぶん残念に思っていた私は、県庁の担当課長に会うたびに、「生産者がつくった加工品に、もっとスポットライトが当たるような売り場をつくってほしい」と懇願し続けた。

## 「いっちょういったん」という地産品ブランドの展開

それからしばらくして、「数年後に県産品を販売する大型施設を、県とＪＡが組んでつくることになったので、そこにセミナーで生まれた商品を並べるコーナーを設けたい」と課長から話が入った。

「嬉しい！　さすが、課長！」

このコーナーに、ブランド化の第一歩として「いっちょういったん」という名前をつけた。地域産品には常に小さな不備があり一長一短なことが多いことと、農地の単位である「一町」「一反」を掛け合わせて「いっちょういったん」である。

設置場所には「とさのさと AGRI COLLETTO（アグリコレット）」（高知市・２０１９年９月開業）という地産品ギフト専門の施設の、いちばん良いところをいただいた。さらにデザイナーが素敵な陳列台を設計してくれ、常温・冷蔵・冷凍のものを並べる陳列用什器も配備された。

ここまでは順風満帆だった。

さて、問題はここからである。商品が揃わないのだ。

あれだけ多くのものが生まれたにもかかわらず、いざ陳列となると、出品する意気込みが消えうせる人が続出。そもそも、既につくることさえ止めている人もいた。セミナー終了時には嬉しそうに「先生、つくり続けてお金儲けます！」と言っていたのに、なぜ？　である。

・グループで取り組んでいたが、○○さんとケンカして、それからつくらなくなった
・セミナー期間はヤル気も高かったが、いざとなると手間に思えてきた
・少しならできるけど、多くつくるとなると場所や器具の能力が足りない

理由を調べてみると、まったく、開いた口が塞がらなかったが、六次化産品の継続性に黄色信号を予感させる常套句は、「農繁期と重なるのでつくれない」だ。

これを言われると、私たち関係者は何も言えない。確かに農業は忙しい。忙しくて忍耐が必要な、厳しい現実に直面することが多い職業である。六次産業化――聞こえは良いが、実のところ農業従事者にとっては「余暇対策」でしかないように見えていたのだ。特に、生鮮販売が主である種類の野菜などを生産している方々にとっては、六次産業化など興味もないはずだ。

そういう農家ならではの事情で、「いっちょういったん」コーナーは、売れる場所であるにもかかわらず、商品が並ばない〝宝の持ち腐れコーナー〟に成り下がっていた。開業時の直後、コロナ禍が影響したことも理由にはなる。

しかし、せっかくの成果物。なんとか動かしたいと、生産者の紹介をパネル展示して訴求力を上げたり、照明器具を変更したり、あれやこれやと策を打ってみた。が、商品が並ばない以上、せっかく楽しみにして来られたお客も気持ちが萎えてしまう。

その打開策として、セミナー受講生だけに与えられてきたこのコーナーへの陳列を、他の優秀な地域産品にも開放することにした。つまり、**売れる売り場というカタチをつくりあげ、まずはコーナーの販売実績を高めることで少しは競争意識を高めてもらう**という取り組みを、2024年5月末からスタートさせた。

数カ月後、気になって訪れてみると、若手の人たちが取り組んでいたが、忙しさから製造数が安定していなかった本山町農業公社の製品があった。嬉しいことに、最近では常に一定数を陳列棚に並べるようになっている。小さな成長だが、私たち関係者にとってはこれほど嬉しいことはない。

## 都市部で地域産品を売る時代は終わる

地方の良さを知るには、わざわざ買い寄せて食べても意味がない。たとえば、山形の芋煮セットを、関西で暮らす家庭が取り寄せてつくっても、里芋が多すぎて牛肉の取り合いになるだろう。熊本の馬刺しを秋田県の人が取り寄せたら、添付のタレが甘すぎると言い、塩辛い醤油をたんまりかけて食べるに違いない。本章の最初の方で述べた「食と環境は表裏一体」というのはそういうことだ。

東京の日本橋や銀座には、地方の自治体が運営するアンテナショップが数多く並ぶが、どうしても買いたいという商品に出会うことが少ないのは、私だけではないだろう。そのものが持つストーリーやつくり出された環境を知らないことが最たる要因であり、各アンテナショップも商品揃えを委託することが一般的なため、そこまで産地の取材を行わないのが実情だ。

これには商品を生産、製造した方にも、自分たちの商品を店頭で消費者に伝えることに積極的になっていないという原因がある。言い換えれば、都会で売っていることが、彼らの終着点になってしまっているのだ。

もう、地域産品を都市で売る時代は終わる。そう言い切っていい。

大手は別かというと、そうでもない。たとえば、地方出身の大手食品メーカーが、地元で採れた（獲れた）材料を加工販売しはじめたとき、耕地面積や不漁などが原因で仕入量に制限がかかることが少なくない。すると、事業拡大と合理化のために、その土地から遠く離れたところで委託製造するなど、「産販分離」がどんどん進む。挙句、外国産の安い材料を混ぜて「地域産品」と偽装する輩も出てしまう。

そういう状況を考えると、「無理してつくって無理して売るな」と声高くお伝えしたい。

高知県の前知事である尾﨑正直氏が在任中に「産業クラスター」というキーワードをよく口にしていた。**Aという特産物があればAプラスαをつくる。**次に、**そのαを成長させて、αプラスBを生み出し（あるいは見つけ出し）、そこに親和性のあるBプラスβをくっつける。そうするとブドウの房のように産業がまとまり、ひとつひとつは小さくても大きな結果が生まれる。**

そういう話だと私は理解しているが、この論法は**小さな地方事業者が守り合いながら発展する**という点で腹落ちする。残念ながらコロナの影響で、クラスターという言葉をこの自治体では使わなくなってしまったが、考え方は活かし続けた方がいいと思っている。

このような方法で地方が独自にまとまりつつある昨今、「ちょうどいい商い」を続けることで地方は守られるのだが、給与も高めなければならないし、年々高齢化も進んでいく。その対策として、つくったものをもっと高く、あるいは多く、いい具合で販売できる仕組みが必要になる。では、どうやってそれを達成しようか。

## 旅は道連れ、食を売れ!

ここのところ私は、大手旅行会社ＨＩＳの地域創生事業を手掛ける方々と、意見交換させてもらう機会が増えている。ハウステンボスの再生やグリーンツーリズムを通じた地域貢献など、ＨＩＳの数々の実績について拝聴していると、物流費や人件費にまつわるコスト高に翻弄され、定価設定に苦しむ地方の事業者の顔が思い浮かんできた。

そして、わかったのが、「モノづくりをする地方の人こそが観光資源」ということだ。

道の駅や産地直送品売り場に行き、消費者の表情を観察すると、現地の人はその定価に慣れているのでさっさと買い物をする。それが都会の人の場合、最初はある意味〝上から目線〟で5本100円のキュウリを見て「安い」と驚く。都会では安いものを粗悪品ととらえる傾向があるため、一旦キュウリから遠ざかる。しかし店内を1周もすると、その上から目線はリスペクト目線に変わり、「都会の半額以下だ」と自慢する。こういう光景こそ、観光の地域貢献である。

ＨＩＳの担当者から「そういう小さな積み重ねにバスツアーの良さがある」と聞いたとき、生産者の生み出したその土地にいつもある、なにげない農道、湧き立つ水、流れる雲、打ち寄せる波、魚臭い魚市場たちに価値があることに、改めて気づかされたのだ。

そこに価値があるとわかれば消費者が来てくれるので、商品に「送料を気にしない値づけ」も成立する。観光客はそこまで来た旅費のことを度外視し、感動を先に掲げてお土産を買う。商品価格を安く設定する必要はないし、逆に安すぎてもその存在価値自体は、現地であれば決して下がらない。

**安売りをしてはならないのは、「地方という価値」観**だ。

地方に行き、その景色を見て、そこで消費する。地産地消の概念に刺さる。もともとの地産地消に対する概念からは、地元で愛される商品になることに尽きるが、そうなっていない商品や食には、観光客は何の興味も示さないので注意したい。**あくまでも「その土地で大切にされているというストーリー性」をともなわないといけない。**ということは、それを達成する「地元価格」のような値ごろ感も大切になってくる。

「地元ではそんなに高く売れない……」と口にする生産者さんは無数にいるが、それでいいと今、私は思っている。それより、その金額で生活や事業が成り立つのであれば、地元で親しまれる商品としての定価をつけるべきである。そして売る。

このような流れに沿った、旅行とのコラボレーションを達成するための物語づくりこそ、これからの時代にふさわしい価値づくりだと思うのだ。

## 地方らしさを存分に発揮して、粗利を高く獲得する

地方の商品を都市部で売ろうとすると、物流コストの加算によって価格高になり、売上高獲得に大きく影を落とす。冷蔵、冷凍品となれば較差はより深刻だ。

そこに加えて、食品衛生法の改正で安全対策への強化が図られた結果、コスト高となる

製造プロセスを追加せざるをえなくなってきた。日持ちの良さでコスト制御を行ってきた地方の食品メーカーも、送料と工賃のダブルアップで先が見えづらい状態である。

そんな状況を打開するには様々な策を繰り広げることになるのだが、ここでひとつ、物流費の高さは地方の財産という見地に、考え方を変えてみたらどうかというのが、私の意見である。

**地方という価値に見合った（商品そのものがいいことは前提として）定価をつけるには、「田舎臭い、を地球価値に変える」ことが重要だ。**そのコツは、食の安全にはしっかり配慮したうえで、表現は悪いが、いかに手抜きしたフリをするかである。

桐島畑　熟成マスタード

その好例が、上の画像のような表現だ。

商品はマスタードである。昨今では粒が残ったマスタードはスーパーでも頻繁に見られる。マスタードは和辛子とは異なり、辛くない。ヨーロッパではHOT、つまり熱いくらいに辛い料理はあまりないが、マスタードも同じだ。マスタードに求められるのは、少し塩辛い食べ物や、逆に味が淡いものへのアクセントである。

ここで大切なのは、「マスタードは世界的に同じ味覚レベル」の食べ物だということだ。私はこの商品の開発には携わっていないが、〝商品の顔立ち〟と、その万国共通性をずっとお手本にしてきた。

私は海外で仕事を多くしたとき、言葉の面では苦労したが、味づくりに関してはまったく気楽であった。それは、「**料理の世界では、塩と胡椒で会話ができる**」と思っているからである。どこの国に行っても、この二つが揃えば、笑顔で人と向かい合える味がつくれる。そういう体験をするなかで、世界共通の食加工品があることに気づくのだが、マスタードはその代表だ。

**地方産品で重要なのは、（製品や料理が）「世界と話せる共通の味と表情を持つこと」**だ。マスタードは世界で頻繁に使われるものであり、使う側（購入する人）は直感的に使い方を理解するため、すでに購入のスタート地点にいる。どういう使い方をすればよいのか？というような疑問が出る食の新アイテムは、試食販売など、口に入れてもらうための具体的な行動を起こさなければならない。さらに、手に取って購入してもらうために、パッケージやメニューに様々な工夫を施すことになる。

この画像の製品をつくっている「桐島畑」という地域ブランドは、田舎であることを逆手にとった訴求がとにかく上手だ。このパッケージには不要な文字や絵がない。売る側が商品に不安や弱点を感じると、「おいしいよ！」とか「おばあちゃん直伝」などの文言を吹き出しで入れるものだ。

対してこちらは、たとえそれを感じていたとしても、自分たちの農業に自信があるというメッセージを、「地方の農家らしい素朴さ」という価値に置き換えて粗利増幅につなげている。先に書いた無印良品の「引き算の理論」と同じだ。

この商品は1瓶80ｇで１１００円（税込）。フランスのＭＡＩＬＬＥ（マイユ）の粒マスタード（種入りマスタード）が1瓶１０３ｇ３２８円（税別・希望小売価格）であるのと比べるとかなり高いが、それがなぜか気にならないとしたら、こういった自信に裏打ちされる風格、オーラのようなものが見た目にあふれていることが重要だ。

この表現力は、商業デザイナーの力量によって大きく異なるので、事業パートナーとしてコンセプトにふさわしい方と話し込んで、つくり出さなければならない。デザイナーとしても、その生産者が持つキャラクターに押し出されるようにイメージをつくり出すものだ。しっかりと世界共通の〝素朴な田舎感〟を追い求めれば、適正価値を通り越した「良い定価」に出会うはずである。

・想いが詰まったディスカウント

・物流費の高さは地方の財産

これらを組み合わせて、自分たちは〝世界レベルの地方〟だと認識できる食づくりを進め、結果として日本らしい定価を生み出せば、まだまだ、この国はヤレルのである。

6章

# いちばん難しい「値づけ」の極意

## 食の定価の基本構造とは

私は食の世界に長年携わってきたなか、「何とかしなければ」と思うことが2つある。ひとつは、温室効果ガス対策として、自分に何ができるのかを明確にすること。もうひとつは、調理師と栄養士の給与を高められるような環境をつくることである。

いずれもちっぽけな存在だけでは到底達成できないのだが、誰かが声を上げ続けなければ解決の糸口さえも見つからない。温室効果ガスに関しては本書の内容から少し逸れるので、ここでは触れないが、2つ目については前章でも触れた「価格」と大きな関係があるため、やや深掘りしながら進める。

次ページに予備知識として、基本の用語を列挙した。

定価は様々な要素を反映して、販売する側が設定する。基本的には、製造に係る経費や材料費に利益を乗せた額となる。まずは「小売」と「外食」の販売価格を決定する要素を整理した、図1と図2をご覧いただきたい（176〜177ページ）。

小売（図1）には数値の記載がないことに、「あれ？」と思われたかもしれない。これは「一定の数値ルールのようなものが小売にはない」という、私なりの理論に基づく（い

| | |
|---|---|
| ・賞味期限 | 食品を安全、かつ、おいしく食べることができる期間 |
| ・製造ロット | 製造加工場で一度につくる最大量の製造個数 |
| ・常温品 | 室温で保管が可能なもの |
| ・冷蔵品 | 10℃以下の凍らない温度で保管しなければならないもの |
| ・冷凍品 | −15℃以下で保存しなければならないもの |
| ・原価率 | 材料原価÷商品売価（を％で表したもの） |
| ・人件費 | 商品や料理をつくる際に関係する人の報酬の合計 |

いやいや、小売製造にも数値セオリーがあるという猛者もいらっしゃると思うが、それは一定の施設を構えた大手食品加工会社の話で、小さな加工場を含めての総論にはなりづらい。それほど、小売では製造者の抱える事情が異なり、原材料の特性によっても違ってくる）。

図1「小売」でポイントになるのは営業利益だ。総原価までは必要な費用として確保されるが、利益は任意となる。利幅は、ロスや値引を想定したバッファ（余裕）を持っておく必要がある。

図2「飲食店舗」では、営業利益は25％が最大値。これより高いところも少なくはないが、おおむねこのラインを確保したい。

## 図１　定価の構造【小売商品】

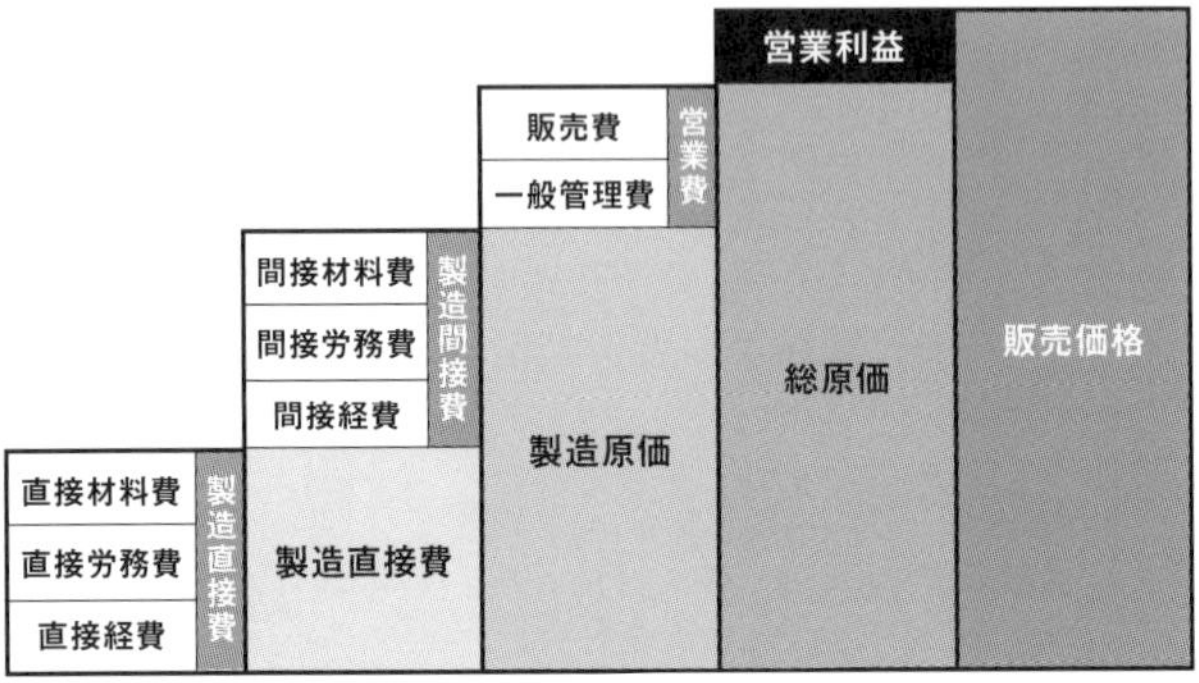


［補足］

製造直接費　原材料を使用した加工に直接関わる費用の合計
製造間接費　内箱や外箱、パッケージデザインなど、販売する形態をつくることに関わる費用の合計
製造原価　製造直接費＋製造間接費
営業費　実際に販売するための活動に関する費用の合計
総原価　製造原価＋営業費

## 図２　定価の構造【飲食店舗】

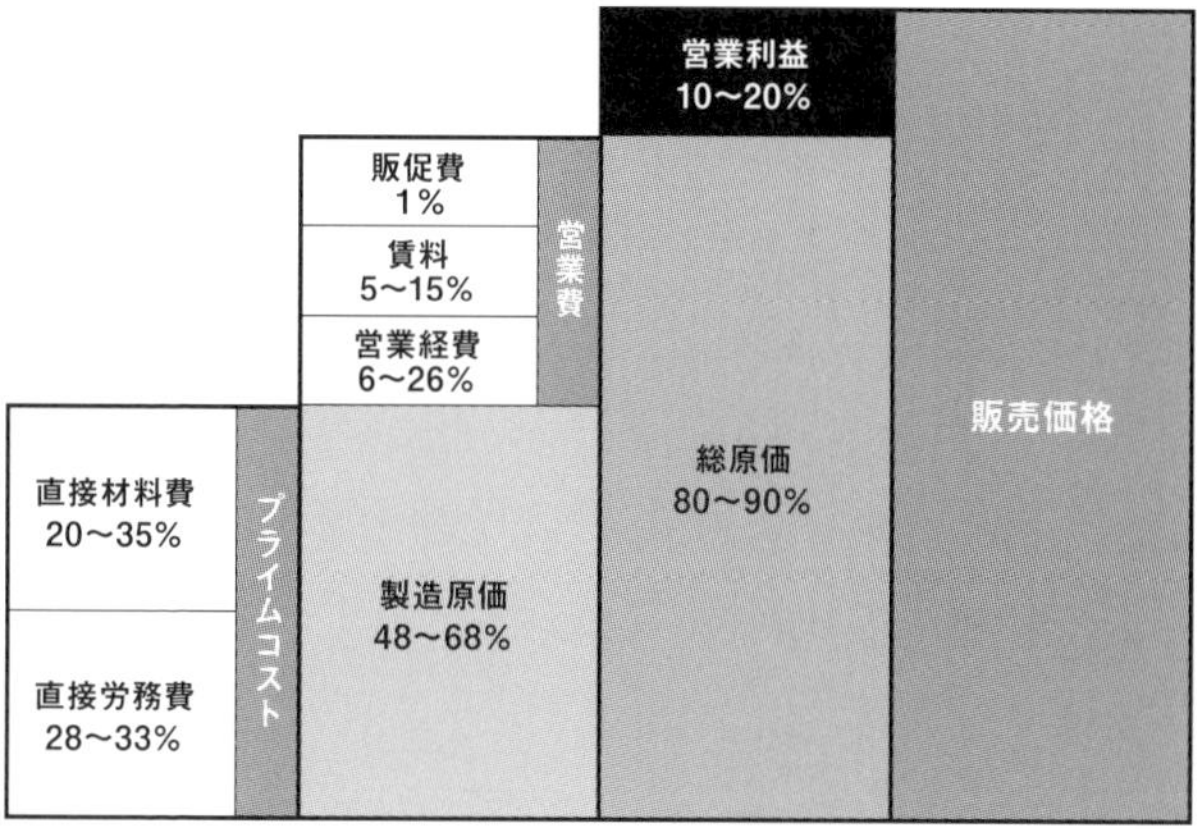


［補足］

| | |
|---|---|
| プライムコスト | 外食における最重要コストで、原材料と労務費（福利厚生費、賞与、交通費を含む）の合計 |
| 営業費 | メニュー、スタッフの募集広告、賃料、水道光熱、保険等の諸経費の合計 |
| 総原価 | プライムコスト＋営業費 |

## 価格決定時に何を優先するか

これは持論だが、価格を決定する際の考え方として、小売と外食では大きく異なり、次の方法が適している。

**■小売製品　　経費積算優先**
**■外食（飲食）　販売価格優先**

この分類は、経営者や担当者の性格に置き換えると、途端にわかりやすくなる。あなたは、細かい数字を常に気にすることを苦にしないタイプだろうか？　そういう人は小売品の生産に向いている。一方、消費シーンで売上想定をする人は、外食向きだ。

私の知る外食店舗のシェフたちの多くは、それぞれにプライドやポリシーがあって、「俺の料理は1000円以下では売らない」とか「たくさんの人に食べてもらうことが幸せだから、炒飯は500円から動かさない」など、経営的には意味不明なことを自慢しながら、長くお店を営んでいる人が少なくない。

そんな様子を見ると、**外食は感情的事業**だと感じさせられる。

逆に小売製造は、仕入や在庫はもとより、経営にまつわる隠れた数字を浮き彫りにし、細やかに積み重ねる知的型事業だと思えてならない。

実際、商品や料理の価格には、そういった情緒的な部分も影響する。また、呼び名も上代、定価、メーカー希望小売価格など複数あり、まぎらわしい。本書では小売・飲食とも、消費者が購入時に判別できる表記（たとえば小売のお菓子なら箱に印刷されている価格、飲食ではメニューに表記されている価格）を「定価」と呼ぶことにする。

**「定価＝原材料費＋諸経費に利益分を乗せた金額」**というのは周知の事実だろう。

しかし「利益」に対する考え方は、経営者によってまちまちだ。現金が残ればそれでいいという人もいれば、常に一定の利益率を確保したいという企業もある。ちなみに、個人事業者は「利益額」を、大規模事業者は「利益率」を重視する傾向がある。

いずれにしても、借金を支払ったあと現金が残れば、事業としてはひとまず成功だ。

利益を出すためには、それを生む定価が必要になるわけだが、その大まかな計算方法についてはは先の図1、図2を参照されたい。そこに数字を落とし込んでいけば算出できる。

## 精度の高い「適正価格のリサーチ法」

定価を決めるにあたって、いくつかポイントがある。

まず、**定価は一度決めたら、しばらくは変更できない。**下げるのは簡単だが、上げることは非常に難しい。

私は最近、定価の決定あるいは既存定価の検証には、**ＰＳＭ（Price Sensitivity Measurement の略／価格感度測定）調査**の実施をお勧めしている。**見た目と定価が合っているかを数値で判断する手法**だ。ずいぶん前にオランダの経済学者により開発された調査法だが、比較的簡単なうえ精度が高く、今でも充分活用できる。

たとえば、自社農園でつくったドレッシングを６００円で売りたいと設定した場合、販売を想定している店舗にお願いして場所を借り、ＰＳＭ調査を行う。

図3をご覧いただきたい。自社が考える６００円を中心として、上下に任意の価格を設定し、お客さんに〇をつけてもらうだけである。直接聞いてこちらがチェックしてもよい。これをグラフ化して交差するところで適正価格を判断し、定価を導く。

あくまでも味ではなく見た目での判断だが、お客は食べる前に買うかどうかを判断する。

## 図3　PSM調査【調査用ヒアリングシート】

### 中村農園直売　野菜ドレッシング 価格調査アンケート

当方は和歌山県で農家を営む事業者です。
この度ドレッシングをつくりましたので、評価をお願いいたします。
実物をご覧になり、「安すぎる」「安い」「高い」「高すぎる」の
うち該当するところに○をお付けください。
ご協力いただいた方には、本品をお礼として差し上げています。
お手間をおかけしますが、よろしくお願いいたします。

店主敬白

| 価格（税込） | 安すぎる | 安い | 高い | 高すぎる |
|---|---|---|---|---|
| 300 | | | | |
| 350 | | | | |
| 380 | | | | |
| 400 | | | | |
| 450 | | | | |
| 480 | | | | |
| 500 | | | | |
| 550 | | | | |
| 580 | | | | |
| 600 | | | | |
| 650 | | | | |
| 680 | | | | |
| 700 | | | | |
| 750 | | | | |
| 780 | | | | |
| 800 | | | | |
| 850 | | | | |
| 880 | | | | |
| 900 | | | | |
| 950 | | | | |
| 980 | | | | |
| 1000 | | | | |

つまり、購買動機につながるかどうかという点では、確かな結果なのである。

これはメニュー表記でも、小売棚でも同じことが言える。もし思ったより高く判断されていたらいいのだが、安く判断されているとしたら大きな問題だ。

安く判断されていた場合の改善策は次のようになる。

**【メニューの場合】**

- **料理の数を見直す**（品数は多い方がウケることは事実）
- **ボリュームを再点検する**（ターゲット層の満足を意識した、頃合いの量）
- **盛つけ技術を高める**（凝りすぎもよくない）
- **写真の撮り方は〝シズル感〟優先とする**（価格に合った仕上がり画像かどうか）

**【小売品の場合】**

- **上質な印象を与えるようなラベルの改善**
- **キャッチコピーがわかりづらくなっていないか、などの見直し**
- **内容量が適正かどうかの見直し**（多ければよいというものではない）
- **容器の材質**（捨てやすい、運びやすいなども重要）

このようにして確認していくと、理論的に自分たちが考えた定価がどの位置にあるかが見えてくる。意外に適合していると喜ぶこともあれば、高すぎる場合もあるだろう。大丈夫（そのままでいいということではないが）、最初は高いのである。

高いからといって、すぐに材料の質を落としたり、むやみに経費を下げるべきではない。というのは、高くしないと売れないものもあるからだ。

**・価格の高い素材を使用している場合**
**・将来、確実に価格高になる環境のものを使っている場合**
**・製造者（場所）が、主たる消費地から遠い場合**
**・製造者（社）のブランド価値が高い場合**

ざっとこの4つの要件が適合していたら、安売りは厳禁。それ相当の定価をつけなければならない。

私が高知県黒潮町の事業創生で関わった「四万十うなぎの缶詰」が良い例だ。1缶2700円だが、上記要素の3つにあてはまり、そして売れた。

## 図 4　PSM 分析の例

**自社の商品のポテンシャルを推しはかり、**
**正しいプライシングを調べる**

対象人数：100 名以上
質問内容：課題商品の売価に対して次の質問を行い、
　　　　　回答を得る
①安すぎる　②安い　③高い　④高すぎる
この結果をグラフに落とし込んで分析する

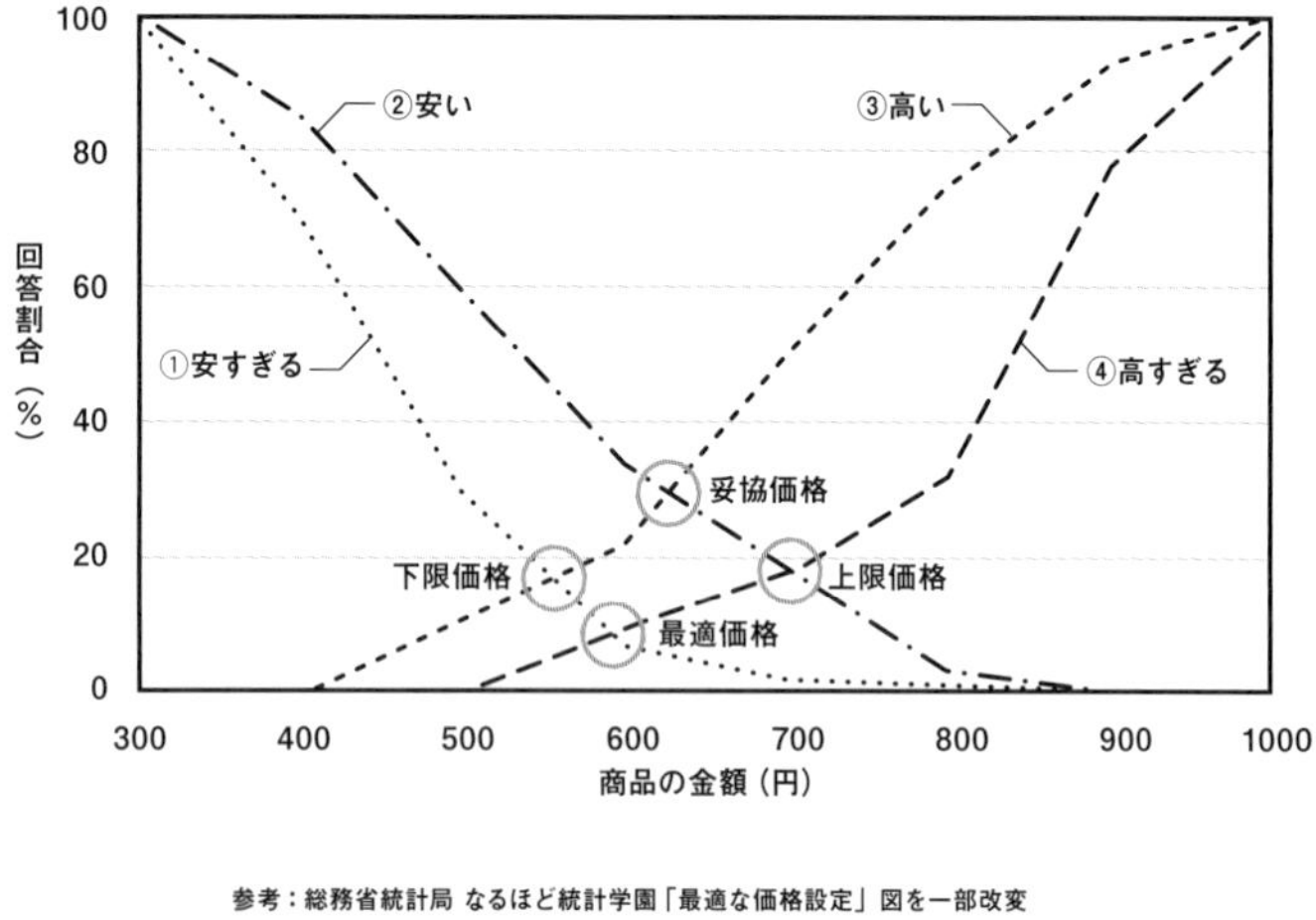


参考：総務省統計局 なるほど統計学園「最適な価格設定」図を一部改変
https://www.stat.go.jp/naruhodo/15_episode/toukeigaku/kakaku.html

## PMS分析の結果を検討する

・実際の定価より高い場合　一部商品の値上げ
・実際の定価と同じ場合　　継続
・実際の定価より安い場合　乖離の原因を探る

原因の調査の優先順位
1. 盛りつけ　2. 味　3. プレゼンテーション（食器）　4. 店舗内外装

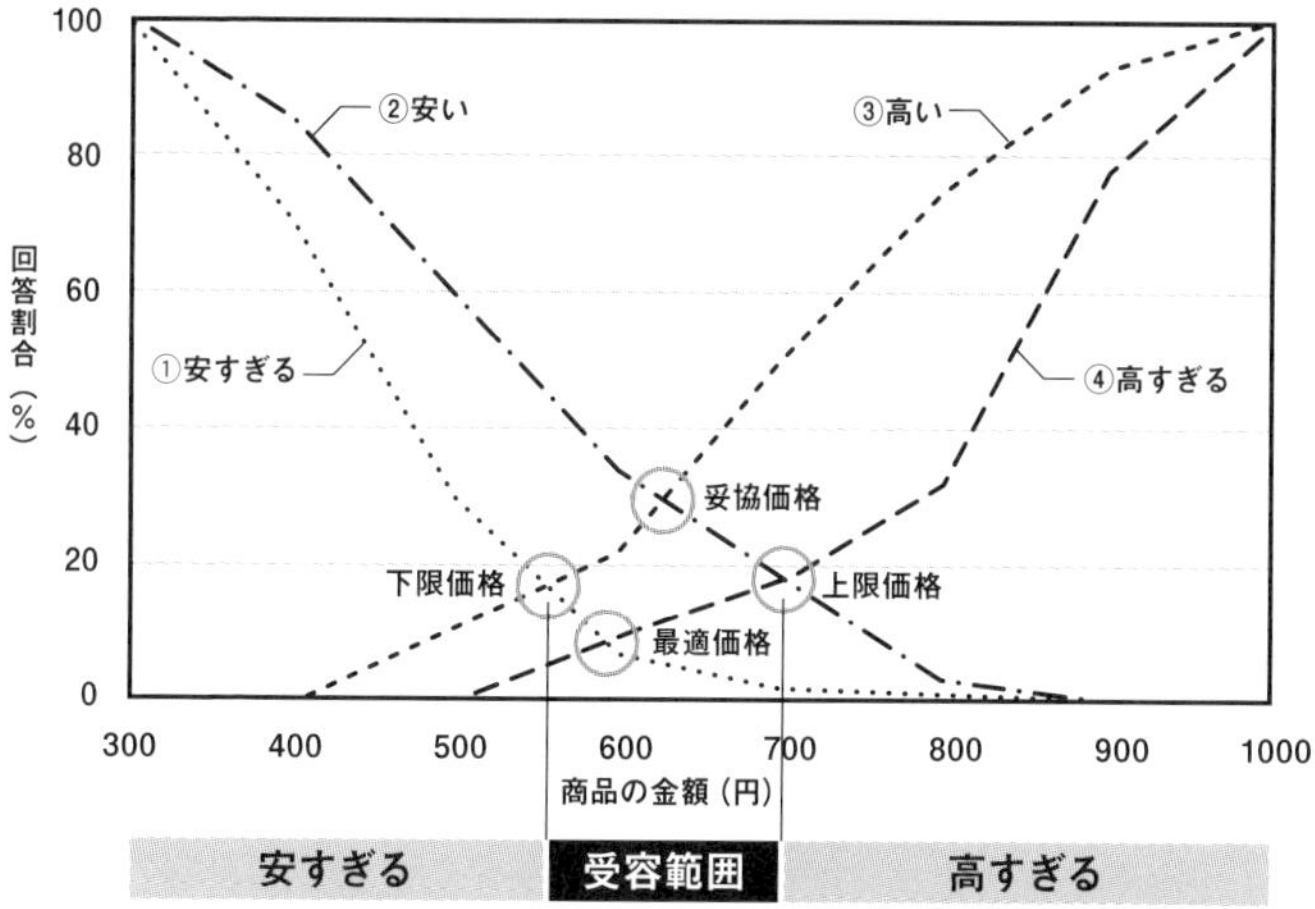


参考：総務省統計局 なるほど統計学園「最適な価格設定」図を一部改変
https://www.stat.go.jp/naruhodo/15_episode/toukeigaku/kakaku.html

本来の価値よりも安すぎると、嘘っぽくなったり、あるいはどこかに無理があることを消費者が感じとり、かえって購買意欲が下がってしまうことも多い。価値あるものは価値をつけて売り切る覚悟がほしい。

## 食における「ブランド」とは

ここで、ブランド価値について、少し話しておかねばならない。

ブランドとは「カテゴリーのなかで、比類ない特徴を持つもの」。言い換えれば、「選ばれるだけの理由を備えたもの」だ。その要素として、稀少価値、卓越した技術や味、充実した情報、キャラクター性、ＳＮＳでの豊かな情報などが並ぶ。

ブランドは高価なものだけを指すのではなく、また、それが売れるとも限らない。安くて良いブランドも数多い。つまりブランド価値とは、「長く企業を支えるお金を生み続けるチカラ」があるものだ。

ここまでくると、よく勉強されている方ならＬＴＶ（Life Time Value の略、顧客生涯価値）を頭のなかに思い浮かべることだろう。数式は一般的に次のようになる。

**LTV＝平均購入単価×粗利率×平均購入頻度（回／年）×平均継続期間（年）**

LTVとは、簡単にいうと「**顧客がある商品をどれだけ買い続けるかを、利益として数値化したもの**」だ。「利益は少なくても長く愛される商品」あるいは「高い利益率で短期的に集中販売されるもの」など、顧客からの購入動機と愛され方の長さをマネージメントする際の、一定の判断基準となっている。マーケティングには欠かせない。

食のブランドでは、LTVの値が高い。「粗利」（定価―材料原価）が比較的高いからだ。しかし昨今、この粗利は安定的に得られるものではない。その理由として、次のことが挙げられる。

- 食糧自給率が低く輸入に頼るため、円相場に影響されやすい
- 地球環境の悪化で、作物の収量が安定しない
- 慢性的人手不足により、製造制限が発生する

こういう不安定要素が強い昨今、多くの事業者は少しでも粗利率を高めようと、みずからの食を「ブランド化」することに注力する。

では、ブランド化された商品に、どれだけのメリットがあるのだろう。そう思って、私はある調査を行ってみた。

私自身が関わって開発したものが売れている要素として、味や売り方の構造が良いからなのか、ブランド（名前）によるものなのかを知りたかったため、無印良品のバターチキンと、他のバターチキン、どちらを選ぶか100人に聞いてみた（後者の開発に私は関わっていない）。

すると、前者が54人、後者が46人という結果になった。その差8名。前者のほうが70円高かったのだが、無印良品を選んだのは過半数となる54人とは、さすがの知名度である。しかしここで私が注目したのは8人（8％）という差だ。

「やはり価格だよね」と思う人より、無印良品という名前で8％アドバンテージを取れる。この数字がブランド力の値であると私は納得した。

たった8％しかないのか、と思うのは早計だ。8％のメリットを単純に利益確保するのではなく、その一部を、原材料の良いものに変更したり、パッケージデザインをアップグレードすることで、消費者の飽きを防ぐ努力ができるというものだ。

これで粗利が確保できるとともに、リピーターが増え、LTVが高まっていく。負けない商品の仲間入りなのである。

## 定価は「コンセプト」の集大成

定価のつけ方に話を戻そう。前提として、定価をつける際は数値としてきちんと整理する必要がある。しかし**商品自体は数値ではなく、実のところ、人々の想いのような抽象的かつ感情的なものごとの集積**である。

たとえば、ロングヒッターであるガリガリ君（赤城乳業）にしても、プッチンプリン（江崎グリコ）にしても、製造社（者）がこだわるストーリーを伴って成長し続けているものであり、そこに「消費者が求めやすい定価」が付加されることで、力強い売上が維持されている。つまり、**定価とは「人間の感情が数値化されたもの」**と言っていい。

大切なところなので、もう少し具体的に説明しよう。

本書では「コンセプト」の重要性を説明し続けてきたが、その集大成が「定価」だ。つくりあげた商品が、年間のどの季節のなかで、どのようなシーンにおいて、どんな人に、どういう風にして食べてもらうのか。そして、それを食べたとき、どういう風に食べた人を満足させるのか。さらに、食した後の胃のなかではどういう風に維持され、排出されるのか。パッケージのゴミはどうするか——

そういったことをすべて数値配分しなければならない。

これを簡単な表として個人レベルでみてみると、モノづくりが面白くなる。

図5はある小売商品に対する比重を見るための表だ。コンセプトのなかでも、どの内容に重きを置くかという「**思い入れのバランスを数値化**」したものである。

超高級品でない限り、定価には限界がある。それにともなって、ある程度妥協しなければならない経費項目も出てくる。また、開発を進めるなか、何に最も負荷をかけて当たるべきかという意思も、こうした表によってスタッフたちに共有することができる。

この例の場合、「年間を通して起伏の少ない商品だが、食べてもらいたい人物像が明確で、

## 図5　小売商品コンセプト重要度の配分（例）

| コンセプト項目 | | 説明 | 配分(%) |
|---|---|---|---|
| 季節性 | | 年中なのか一定のシーズンのみに対応するのか | 10% |
| シーン | | 生活のなかで、どういうときに食べてもらいたいか | 15% |
| ペルソナ | | 具体的にどんな人という人物像を決める | 20% |
| 食し方 | | 手軽に食べるか、あるいは食器などに移して楽しむか | 10% |
| 食味の満足 | 先味 | 食べ（飲み）はじめたときの味 | 20% |
| | 中味 | 口のなかにある間の味 | 5% |
| | 後味 | 飲み込んだあとに残る味 | 5% |
| 食感の満足 | | 噛み応えやノド越しの感じ | 5% |
| 残り香 | | 食べ終わって1時間後、鼻から抜ける香り | 2% |
| 包材の捨てやすさ | | ゴミの多さ | 8% |
| 合計 | | | 100% |

＊温度に関する項目は小売品の場合、消費者の都合に影響されるため対象外にしている

その人にとってインパクトのある味を持つ商品でありたい、ということが中心」だとわかる。こういった表があれば、経費バランスもおのずと見え、結論として定価のあり方が見えてくる。

また、各コンセプト項目と定価の因果関係についても、非常に参考になると思うので触れておきたい。

詳しくは図6に示したが、外食については、この限りではない。というのは外食の場合、食事中の環境や接客の対応に左右される面が大きく、マイナスと思えるようなことがプラスに働くこともあるからだ。クリスピーな揚げあがりの高級

## 図６　コンセプトと定価の因果関係

| | |
|---|---|
| ・季節性 | 通年対応型の食品は価格を抑え、季節性の高いものは定価を上げる |
| ・シーン | 生活ルーティーンに沿う場合は価格を抑え、暦やイベント性のある場合は定価を上げる |
| ・ペルソナ | 大衆的な場合は定価を安くし、セレブ系なら定価を上げる |
| ・食し方 | 片手で食べられるものは定価を安くし、食器へ移したり、両手で食べる場合は定価を上げる |
| ・先味 | 先味を強くするとき定価を下げる |
| ・中味 | 中味を重要なものに設定するとき定価を上げる |
| ・後味 | 後味を強調するとき定価を上げる |
| ・食感 | クリスピー、もっちり、ねっとりは定価を下げ、ふんわり、トロッとは定価を上げる |
| ・残り香 | 口臭が気になるような食は定価を下げ、華やかな菓子類を想像できる香りは定価を上げる |
| ・包材 | 捨てやすければ定価を下げ、重い容器や、捨てづらい瓶などの容器の場合は定価を上げる |

とんかつの定価は決して安くない、という具合だ。

ひとくくりに定義できないのも、一発勝負の利く外食の良さであり、失敗しやすい業種である難しさともいえる。

## 利益に影響する5大要素

定価のつけ方次第で、プラスにもマイナスにも働くものがある。結論から入ろう。利益幅に影響する要素は次の通りだ。

**・ロス**

**・ロット（小ロットの製造は、定価を上げられる商品に限り成立する）**

**・送料（送料込みは圧倒的に売れやすいが、メーカーは疲弊する）**

**・人材**

**・場所（製造場所と販売場所が近い方がよい）**

この5つが経営を大きく左右する要素となっている。食の仕事に関わっている方なら頷けるところだと思うが、これらがポイントとなる。すべてについて解説すると導入だけでかなりの量になるので、ここではロスと人材に絞り込んでお知らせしたい。

まずロスについて。ロスに関する現象の代表格は、簡単にまとめるとこのようになる。

**1 歩留《ぶどまり》を原価計算に入れていない**
**2 売れ行きが悪く、賞味期限内（消費期限内）に売れない**
**3 製造（調理）精度が低く、廃棄処分が多く出る**

## 1 歩留について

原価計算の際、歩留を計算に含めない人が事実として多い。

歩留とは、加工や調理を施す前と後の量の差を示す。例えば、次のような式で表される。

**加熱して調理加工する際の歩留率（%）＝加工後重量÷加工前重量**

一般的に食品は、加熱で失われる水分や処理容器付着など、工程上で量が減るが、反対に、乾燥材料を使用すると増えることが知られている。たとえば乾燥昆布を仕入れて販売すると400％の歩留になるので、有益なこともある。

そんな陰に隠れた歩留だが、計算に入らないなかで大きいのは、原材料処理についてだ。

一例を挙げると、柑橘類のなかでも皮の部分が大きい文旦や柚子を搾汁した場合、果実1kgで170g程度しかとれない品種もある。

その場合の歩留率は「170g÷1000g＝17％」と、大きく減らす。

仮に1kg800円で仕入れた場合、170gの果汁が800円になるため、1gあたりは800円÷170g＝4・7円だ。ところが今まで私が携わった生産者の方で、800円÷1000g＝0・8円という歩留を考慮しない人が少なくないことに驚いた。

大手の食企業では「歩留計算」は当たり前だが、地方や飲食店舗ではまだまだ知らない人が多いので、老婆心ながら記載させていただいた。

### 2 賞味期限について

次に、ロスで社会課題にもなっているのが賞味期限である。

コンビニエンスストアや大手スーパーの多くに「3分の1ルール」が存在する。メーカーや卸売業者は、製造日から賞味期限までの「3分の1」以内に納品しなくてはならず、次の「3分の1」の期間を小売店の販売期限とする、という慣例だ。

よって、メーカーや生産者はこのルールに限りなく当てはまるよう努力を行うのだが、そのために様々な疲弊が起こる。

この賞味期限（販売期間）の厳しい制限によって、依然消費者は「賞味期限ギリギリの商品を買わないように飼いならされた」習慣を脱却できていない。あちこちのメディアでこの問題について取り上げられ、少しは廃棄ロスが減ったといえど、まだまだ多い。

あるコンビニエンスストアの商品開発を手伝わせてもらったとき、あまりに厳しいルールに唖然とした経験がある。なかでも、陳列されているお弁当の3割が廃棄されていると聞いたときは吃驚した。忘れもしない。

つまり、それを納品する業者や店舗運営会社は、捨てられる3割分のロス対策費を定価に上乗せしていることになる。さらに、捨てるときの産業廃棄物処理代も加算されているとなると、「いったいこの390円の弁当の原価はどんなに低いのだろう？」と、未来が見えなくなった。無論、生産者の方々の積年の努力をいとも簡単に捨て去ることにも疑問を持った。

問題なのは、これを黙認している（私をも含めた）食従事者全体に垢のように付着した「安全安心を盾にとる保身体質」だ。

先に書いたコンビニエンスストアの開発において、こういうルールづくりを破りたいがゆえに、少し賞味期限が短くなってしまうであろう原材料の使用を進言したことがある。もちろん、その商品を使えば彩りがよくて売れるという信念もあってのことだ。

そのときに返ってきた担当者の答えは、「先生、それは賞味期限が短くなりそうですが、事故の場合いったい誰が責任とるのでしょう…」。こう言われるとアグレッシブな議論ができなくなるのは当然で、ここ20年ほどコンビニ弁当の顔が、包装形状は変われども、中身はほぼ変わらない理由をよく理解した。

定価にひそむ、ロスの最も大きな功罪は賞味期限である。

## 3 廃棄処分（不良品ロス）について

続いて、製造や加工において、機械不調や人的ミスによって生じる「不良品ロス」について触れておきたい。

機器類の不調によるロスはエンジニアが調えるとして、人的ミスによることは看過できない。この人的ミス対策に必要な費用の考慮が大切だ。

昨今では外国人就労者の雇用が増えたが、それにあたって、日本人と同じ賃金ベースを保障するとともに、生活基盤を整えておく必要もある。また、所定の技術習得に至るまでに必要な研修費、講師料も必要経費としなければならない。そうしたことも念頭にすると、ロス対策として、綿密な作業指示書を作成することになる。

この**「不良品が出るミス」と並んで、「作業中の事故」の防止も重要**だ。食品加工場でも厨房でも、事故は頻繁に発生しているが、いずれの事故、商品ロスともに、小さなミスを看過してしまったがゆえに起こっていることが多い。つまり、「大きなロスにつながる小さな発見」を気づいた段階で書きとめ、皆で共有する習慣をつけることが大切だ。

これらのことでもわかるように、**経営を大きく左右するのが「人」の問題**である。

ＡＩの発達により様々な業種で合理化や自動化が進むなか、最も合理化が進まないのが、食の世界である。仕上がりを凝れば人の手が必要になり、自動化に進みすぎると飽きられるスピードが速くなる。このジレンマのなかで、まだ10年は大きな変化がないと予測される私たちは、これからも人のチカラを信じて業務を進めることになる。

そういう意味で、ロスを制御するための絶え間ない〝人づくり〟の努力が求められるのだが、これもハードルが高い。人手不足が深刻化していることが各種のハラスメントへの注意喚起と重なり、舵取りが難しくなっている。とにかく、働いてくれる人たちの環境整備に加え、「単にお金欲しさで働いているような人を減らす」工夫にも細心の注意を払わなければならない。これについての小さな対策は次の4つだ。

・採用面接では、やりがいを求めることの重要性を話す
・就業の事前ガイダンスにはスマートフォンでも見られる動画配信を行い、仕事内容をあらかじめ理解してもらう
・加工や調理作業手順の事前習得のための動画配信を行い、よく出るメニューや頻繁に発生する作業に対して、しっかりイメージができるようにしてもらう
・パート、アルバイトスタッフのヒエラルキー構築を行い、時給差を明確にして向上心を磨いてもらう

これは持論になるが、雇いはじめてからあれこれ教育するのはナンセンスである。労働意欲に欠け、勤務中ぼんやりしていてもお金を与えているような飲食店が多いのは嘆かわ

しい。働く方も働いてもらう方も、お互い努力してこそ売上がつくられるのだから、雇用後に即、仕事を開始できるという体制は双方ともに準備しておかなければならない。

なぜ、この点について強く言うかというと、最初の段階で「仕事の価値観」を先輩、後輩、経営者が共有できているところとそうでないところでは、売上や利益に圧倒的な差がついているという事実があるからだ。

飲食では店長、加工所ではセクション責任者の機転や気づき、配慮、そして先見力が、売上を決めている。よって現場に近い環境は「始まる前にスタート」させ、「常に無意識にできる行動を意識してもらう工夫」が大切なのである。

働いている人は言われる通りにするという前提を崩さず、指示をわかりやすく、早め早めに具体化して伝えておくことが、人にまつわる事故や無駄を防ぐ第一方策であることは間違いない。

## 食の定価の基準を推しはかる

定価をつける計算や事前調査、それに経費などにひそむリスクをおおむね抽出したら、実際にその金額を決定する。ここで参考になる定価の基準値をお教えしたい。都市、地方にかかわらず適合するものだ。

**・高校生のアルバイト時給＝ラーメン１杯の定価**

**・外食の客単価（飲料を含まない）は３５００円を超えると上質**

定価というものは地方によって差がある。ナショナルブランド系ではローカルプライスを設定しているところもあり、全国一律の価格を押し通すことは難しいものだ。

そんななか私は、ラーメンの普通盛り（たとえば、その店舗の基本となる売れ筋ラーメン）が、その店舗の周辺に住む高校生のバイトの時給とほぼ同じであることに気づいた。言い換えると、高校生は1時間バイトをすればラーメンを食べられるのだ。

おもしろいのは、この考え方は欧米諸国でもおおむね通用するということ。ロスアンゼルスの時給は20ドル前後（２０２４年時点）で、同地区のラーメンの平均単価は20〜25ドルであり、符合する。

この理由はいくつか考えられるが、わかりやすいこととして、日本人が初めて給与（バイト料）をもらう仕事先の7割が外食産業という点が挙げられるだろう。

深掘りは避けるが、私が伝えたいのは、自分たちの商品価値がラーメン何杯分に相当するのか、というような〝自分流の定価に対する尺度〟を持っておくとよい、ということだ。

2つ目の「3500円を超えると上質」については物価に左右されるので一概に言えないが、以前ミシュランガイドの評価で「ビブグルマン」（価格以上の満足感が得られる料理を提供するレストランに授与）のボーダーラインがこの価格になっていたことに起因する。

私はこれをさらに考察してみた。

一般的な外食の経営上の試算で、3500円を経費項目で分けると上図のようになる。

| | | |
|---|---|---|
| 原価率 | 33% | 1155円 |
| 人件費率 | 30% | 1050円 |
| 賃料 | 10% | 350円 |
| 水道光熱費 | 5% | 175円 |
| 諸経費 | 8% | 280円 |
| 減価償却 | 5% | 175円 |
| 合計 | 91% | 3185円 |
| 利益 | 9% | 315円 |

ポイントは人件費である（原価と賃料も重要だが、紙幅の関係上、ここでは人件費に絞る）。

乱暴な表現ではあるが、私は次のような言い方で、外食を奮い立たせたいと常に思っている。

「しっかり育てたアルバイトであれば、厨房がワンオペであっても、十分にお客を満足させることができる」

国の「働き方改革」では、経営者やシェフもその対象である。常に厨房に立っていることが美徳のように思われる時代は、すでに終わっているのだ。

私も含めて食に携わる人たちは、みずからが習得した知恵や技術を隠すことで存在価値を表現していると思ってきた節がある。そのツケが今、半ば強制的に「世代交代」を国だけではなく、消費者からも求められていることに気づかなければならない。そのためには、後進への指導はきわめて重要な要素である。

私は「10年以内に家庭からまな板と包丁が消える」と考えているのだが、人のぬくもりを感じる料理を提供できるのは外食、あるいはそのぬくもりという価値を徹底的に追求しているコンビニやスーパーだけだろう。そういう料理を末永く遺すためには、今から若い人々と意見を交えて、新しい価値観の食づくりとその実現ができるステージ（舞台）をつくりあげなければならない。

「自分なりの尺度」を持って定価を今一度見つめてほしい。理論的にＰＳＭで推しはかり、決定した定価であっても、ラーメン１杯に劣る価値であれば、即座に見直そう。

## 原価度外視の地方産品がなぜ生まれるのか

数字一辺倒になってきたが、それだけでは味気ない。地方産品の定価が物語る原価度外視の〝喜怒哀楽〟について、ほんの少しでも言及しておかなければなるまい。

近年、ふるさと納税の受入額（地方自治体が受けた寄付の合計）は増え続けており、令和4年度が9654億円、件数は実に5184万件に達し（1件の平均は約18600円）、令和5年度には受入額1兆円を突破した。

大手企業の製造工場があるだけでふるさと納税の返礼品対象商品となっていたものが、最近では〝地方らしさ〟を欠くものは対象外になってきて、ようやく本来の目的であった地方活性の扉が開きつつあるように見える。

生産者が加工と販売を一緒に行う六次化製品は、ふるさと納税で主役になるべきものだ。しかしながら、これらの商品の定価が「安いか高いかの、どちらか極端」になっていることが多い。その原因は様々ではあるが、絞り込むと、人件費と物流費が主である。

この2つは、地方に住まう人々の人生観と重なり合い、「目には見えない価値」を裏打ちする要素となっている。私は先ほど喜怒哀楽と書いた。そう表したのは、お金がすべてではないという価値観、言い換えると、「買ってくれる人への想い」が、つくる側を元気にしているということがわかったからである。**暮らしから生まれる感情そのものが、地域産品の定価となっている。**

たくさんの地産品について原価計算を行ってきた。特に、地方の産直市場で出ている加工品（漬物、味噌、ドレッシングなど）の経費内訳をヒアリングして、計算式にはめてみると、この両極端の意味が理解できるようになった。

「人件費を加算するか、しないか」である。

加算すると、とても高い製品になり、その逆は言わずもがな、なのだ。

「どうして、こんなに安くして売るのですか？」と、製造販売されている方々に聞いてみると、異口同音に「高くしたら、このあたりでは売れない」という。日本全国津々浦々、同じ回答だ。

経営的に見れば、つくっている自分たち（自分自身だけでなく、手伝ってくれる人の分も）の給与を少なくして、物品を販売するのは〝悪〟である。金銭的見返りがない状態では、商売が継続するはずはない。

しかし、この現象や光景は戦後からずっと続いている。金銭的価値を越えた心の満足、つまり自分を受け入れてくれる人を増やすコミュニケーションとして、買い求めやすい価格をつけていることを、私はある特産物を買って知ることになる。

## 干し芋が教えてくれた、定価に込められた親心

高知県の西の端に、大月町という過疎の地域がある。あたかも東京から最も遠く離れているかのようなこの町には、古くから冬になると「ひがしやま」という干し芋が出回る。紅ハヤトという、ほんのり赤い果肉を持つさつま芋を、水と共に煮てから干しあげたものだ。「干菓子」と「山」が重なって、この名前がついたという。最近ではこのひがしやまに似せた菓子が出ているが、味も風体もまったく異なるものだ。

いろいろな生産者のものがあるが、なかでも素晴らしい味のものをつくる名人がいると聞いて、どんな方なのか知りたく、いても立ってもいられない気持ちで訪問した。

ひがしやま。ひとたび口に含むと、ねっとりとした食感が歯に伝わり、ほのかな甘みに舌が占領される。素朴な旨味が実においしいのだが、つくり方は相当、手が込んでいる。

名人の名前は山田さん（故人）。普段は漁師である。ただ、北風が強く吹き付ける時期、漁に出られない数日間を使って、兼業として育てているさつま芋を加工し、保存食として「ひがしやま」をつくっていた。

この製造工程を細々説明するのは控えるが（キッチンエヌWebサイト「今コレ！」連載「限界集落その2」に概要を記載）、途方もない手間のかけ方に言葉を失うばかりである。

私は山田さんに、不躾ながら訊ねた。

「非常に手の込んだ干し芋ですが、冬の漁に出ることができない日の収入のためにつくっているのでしょうか？」

「いやいや、こんなもん、売っても大した金にならん。これは息子と孫のためよ」

「え、息子とお孫さんのため、ですか？」

微笑みながら小さく頷く山田さんは、こう説明してくれた。「正月になったら、息子が帰ってくる。最近では孫も連れて。息子は小さいころから火鉢の火で炙《あぶ》ったひがしやまが好きでなぁ。おいしそうに食べる顔が見たくてつくってるんや」と。

2012年ころの当時、3枚入り450円が産直売り場での定価。原価計算で人件費を入れるとまったく採算が取れない品である。ただ、私はこの価値が「親心のおすそ分け」

であるとするならば、数字に意味がないと、しばらくの間、じっと目を閉じた。

地方の六次化製品の定価で、高いもの（ロットが小さく、非効率が原因で高くなってしまう）は人件費がきちんと計算されているのだが、様々な見地から見直しつつ、売れやすい定価に修正していける。一方、安いものは修正（矯正ともいえる）ができない。しようとしても、生産者当人が笑いながらやりすごす理由は、コミュニケーションを失いたくないからなのである。地方の価格は、想いをそっとディスカウントした結果だと心したい。

付録

# 中村 新 オリジナル
# 簡単ごちそうレシピ

外食店舗で人件費対策になるレシピをご用意。
もちろん、ご自宅用としてもおすすめです。
ちょっと贅沢な感じがするのに簡単にできる
“知っててお得”なメニュー、ぜひご活用ください。

# にんにくと豆のスープ たっぷりのオリーブオイル

## 材料（2〜3人分）

にんにく ……………… 1株
ミックスビーンズ …… 100g
玉ねぎ ………………… 1/4個
砂糖 …………………… 大さじ1
固形ブイヨン ………… 1個
パセリ ………………… 4本
オリーブオイル ……… 100cc
水 ……………………… 700cc
塩 ……………………… 小さじ1
こしょう ……………… 適量

## 作り方

①にんにくは皮をむき、スライスする。
② 玉ねぎ、パセリはそれぞれ粗めのみじん切りにする。
③鍋に100ccのオリーブオイルを熱し、にんにく、玉ねぎ、砂糖を入れ、強めの火力でしっかり炒める。
④少し色づいてきたら鍋をコンロからはずして少し粗熱を取り、固形ブイヨン、水、ミックスビーンズを入れる。塩こしょうして再びコンロに戻し、強火にして沸騰させる。
⑤沸騰したら20分、とても静かな沸騰状態で煮る。
⑥煮あがりにパセリのみじん切りを入れて完成。

たっぷりのにんにくが入った、お豆の熱々スープです。とても簡単ながらパンチのある味で、四季を通して楽しめます。

# にんじんのレモンバター煮

## 材料（2人分）

にんじん……………………………1本
グラニュー糖…………………………小さじ1
バター（有塩）………………………20g
レモンの輪切り………………………4枚
白ワイン（辛口）……………………大さじ1
水…………………………………適量
塩…………………………………小さじ1/2

## 作り方

①にんじんはよく洗って皮をむき、縦8～10等分に切って形を整える。
②フタのできる鍋にバターを入れて中火程度で熱し、にんじんを入れて炒める。
③グラニュー糖、塩、レモンを入れてやや強めの火力に上げ、強く炒める。
④白ワインと水50cc程度を入れてフタをし、弱めの中火で6分ほど蒸し焼きにする。
⑤水分がなくなったら水を大さじ1ほど入れて再度フタをし、やや強い火力でさらに蒸し焼きにする。
⑥フタを外し、水分が完全になくなる少し手前程度になったら、器に盛りつける。

素朴かつ奥深い味わいが特徴の一品。レモンを炒めると独特の香りが立ち、にんじんとよく合います。

# 大根と白菜のドイツ風ソテー

## 材料（2人分）

大根……………………………10cm程度
ウインナーソーセージ……………100g
白菜（外の硬いところが理想）…… 葉を2枚程度
白ねぎ……………………………50g
甘口の白ワイン……………………30cc
ローリエの葉（乾燥）………………1枚
バター（食塩使用）…………………20g
塩…………………………………適量

## 作り方

①大根は皮のままラップフィルムで包み、500～600Wの電子レンジで4分加熱してから皮をむき、大き目の乱切りにする。
②ウインナーソーセージを二等分する。
③白菜、白ねぎはざく切りにする。
④フタのできるフライパンにウインナーソーセージを入れ、少し色づく程度に焼いて脂をフライパンに出させる。
⑤大根とローリエ、塩（小さじ3/4程度）を加え、やや強い火力で炒める。
⑥白菜を入れてさらに炒める。
⑦白ワイン、バターを入れて全体にからませ、塩（小さじ1/4）を入れてフタをし、弱めの中火で蒸し焼きにする。
⑧水気がなくなれば、味を調えて盛りつける。

大根を手軽に、ボリューミーなおかずに。ドイツ風で家庭的な、野菜の旨味が楽しい料理です。

# サーモンのステーキ
# 豆乳ハーブクリーム添え

## 材料（2人分）

サーモン（生食用）……… 80g × 2枚
塩 ………………………… 小さじ1
グラニュー糖 …………… 小さじ1/2
白みそ（西京みそ）……… 20g
こしょう ………………… 少々
水 ………………………… 200cc
オリーブオイル ………… 適量
豆乳クリーム …………… 80g
レモン汁 ………………… 小さじ1/2
塩 ………………………… 3つまみ
パセリのみじん切り …… 大さじ1
バジリコのみじん切り … 大さじ1

## 作り方

①チャック付きの袋に塩、こしょう、グラニュー糖、白みそ、水を入れて混ぜ合わせる。
②❶にサーモンを入れて密閉し、冷蔵庫で20分寝かせたらサーモンを取り出し、冷蔵庫でラップフィルムをせずにそのまま乾かすように置いておく。
③小さなボールに豆乳クリーム、塩、パセリ、バジリコのみじん切りを入れて混ぜる。レモン汁を入れてゴムベラで手早く混ぜ、少しねっとりとさせる。
④フライパンにオリーブオイルを熱し、サーモンを焼く。
⑤ソースを下に敷き、サーモンを盛りつける。

鮮度の良い生のサーモンを、個性豊かなレアステーキに。豆乳ハーブソースがおいしさの決め手です。

# ホタテ貝柱のカルパッチョ 生かぼちゃドレッシング添え

## 材料（2人分）

バターナッツ・スクワッシュ（かぼちゃ）…… 30g
ホタテ貝柱（生食用、大き目）…………… 6個
はちみつ ……………………………………… 少々
塩 ……………………………………………… 2つまみ
オリーブオイル …………………………… 小さじ1
レモン汁 …………………………………… 少々
塩、こしょう ……………………………… 適量

## 作り方

①ホタテ貝柱はスライスして、塩こしょうをまぶしておく。
②バターナッツ・スクワッシュは皮をむき、5mm角に切る。はちみつ、塩、オリーブオイル、レモン汁と混ぜ合わせ、1時間ほど冷蔵庫で寝かせる。
③器にホタテ貝柱を並べ、❷を散らすようにしてかける。

バターナッツ・スクワッシュ

生のかぼちゃと鮮度の良いホタテ貝柱の出会いが、新しい味わいを生み出します。

# 青ネギと牛肉のバジル丼

## 材料（2人分）

青ネギ……………………………………………2〜3本
春菊………………………………………………1/3束
牛薄切り肉………………………………………150〜200g
塩…………………………………………………小さじ1/4
ジェノベーゼソース（バジルのオイルソース）……大さじ1
焼肉のタレ………………………………………大さじ4
オリーブオイル…………………………………少々
ご飯………………………………………………どんぶり2杯分

## 作り方

①青ネギは斜めに千切りにする。水にさらしてザルに取り、水気を切っておく。
②春菊はよく洗って、軸を取り除く。水にさらし、水気を切っておく。
③フライパンにオリーブオイルを少々入れて熱し、強火で牛肉を焼く。
④焼肉のタレを入れてからめる。
⑤青ネギ、春菊、塩、ジェノベーゼソースを混ぜる。
⑥ご飯を盛り、牛肉と❺を盛りつける。

市販のタレやソースも、組み合わせかた次第で、定番料理を〝時短ごちそう〟に進化させます。

# 味付き薄揚げが決め手のゴーヤチャーハン

## 材料（2人分）

ゴーヤ……………………………………1/4本
玉ねぎのみじん切り……………………1/4個分
にんにくのみじん切り…………………1/2片分
卵…………………………………………1個
きつねうどん用の薄揚げ（味付き）……1枚
塩…………………………………………3つまみ
黒こしょう………………………………少々
濃口醤油…………………………………適量（好みで）
ご飯………………………………………お茶碗3杯分
ごま油……………………………………小さじ1
サラダ油…………………………………大さじ1/2
白ごま……………………………………小さじ2
削り節、紅しょうが（好みで）

## 作り方

①きつねうどん用の薄揚げ（次ページ参照）は、粗いみじん切りにする。
②ゴーヤは種を取り、粗いみじん切りにして水に10分ほどさらし、水気を切る。
③フライパンにごま油、サラダ油を熱して玉ねぎ、にんにくを入れ、強めの中火で炒める。
④ゴーヤを加えてさっと炒め、卵をほぐし入れてよく混ぜる。
⑤ご飯、白ごま、塩、黒こしょう、紅しょうがを加えて強火で炒める。
⑥最後に香りづけの醤油をほんの少し入れて仕上げる。

香味野菜と調味料の絶妙なハーモニーで、味に奥ゆきのあるゴーヤチャンプルーに。

## きつねうどん用の薄揚げ

### 材料

油揚げ …… 2枚／醤油 …… 大さじ1／砂糖 …… 大さじ2と1/2
日本酒 …… 大さじ2／白だし …… 小さじ1/2／水 …… 300cc

### 作り方

・油揚げは湯通しし、余分な油を落とす。
・鍋に調味料と水を入れ、沸騰させ、油揚げを入れて中火にかける。
・沸騰したら落とし蓋をして弱火にし、10分ほど煮る。

**中村 新**（なかむら しん）

産業フードプロデューサー／高知工科大学客員教授／株式会社キッチンエヌ代表取締役／嘶家料理人。

1959年和歌山県生まれ。辻調理師学校（現・辻調理師専門学校）卒業後、同校教職員としてTBS「料理天国」を担当。のち渡欧し、三つ星「ル・ガヴローシュ」、一つ星「ル・プールボ」などで料理研修。帰国後、フランス料理「リオン・ドール」シェフ、「ホテルピエナ神戸」総料理長を歴任。雑誌やテレビなどメディア露出の傍ら、「一夜一夜」「菓子パトリー神戸」ほか飲食店経営のコーディネート・プロデュースも手がける。

独立後、良品計画、ジェイアール東海フードサービス、UCCグループ、日本ケロッグなど名だたる優良企業を支援。地域活性、限界集落対策、食育などを研究する機関関連の調査も行う。『Café & Meal MUJI 野菜いっぱい人気のデリレシピ60』（徳間書店）、『飲食店完全バイブル 繁盛の掟 A TO Z』（日経BP）など著書多数。

装幀・ブックデザイン　大場君人
画像　iStock.com　Lekyum(p67) /Anton Aleksenko（p79左）/xavierarnau（p79右）/ Diy13（p80）/chengyuzheng（p218）
編集担当　嶋田安芸子

「無印《むじるし》のカレー」はなぜ売《う》れたのか？

食品《しょくひん》ビジネスで成功《せいこう》する思考《フィロソフィー》と仕組《しく》み

著　者　　中村 新

2025年2月10日　第1刷発行

発行人　　鈴木 善行
発行所　　株式会社オレンジページ
〒108-8357　東京都港区三田1-4-28 三田国際ビル
電話 03-3456-6672（ご意見ダイヤル）
048-812-8755（書店専用ダイヤル）
印刷・製本 中央精版印刷株式会社

Printed in Japan

ISBN978-4-86593-694-0　C0030